定期テスト ズバリよくでる **数学 1年** **学校図書版** 中学校数学1

もくじ

取り外してお使いください 赤シート＋直前チェックBOOK,別冊解答

※全国の定期テストの標準的な出題範囲を示しています。学校の学習進度とあわない場合は,「あなたの学校の出題範囲」欄に出題範囲を書きこんでお使いください。

Step 1 基本チェック　1 正の数・負の数

15分

教科書のたしかめ　[　]に入るものを答えよう！

❶ 符号のついた数　▶ 教 p.14-16　Step 2 ❶-❹

解答欄

□(1) 0 °C より 5.5 °C 低い温度は，－を使って[－5.5 °C]と表し，「[マイナス]5.5 °C」と読む。　(1)

□(2) 「いまから 10 分後」を ＋10 分と表すとき，「いまから 40 分前」を，正，負の符号を使って表すと，[－40]分。　(2)

□(3) 「A 地点から南へ 3km の地点」を －3km と表すとき，「A 地点から北へ 5km の地点」を正，負の符号を使って表すと，[＋5]km。　(3)

□(4) 0 より 7 大きい数，0 より 3.2 小さい数をそれぞれ正，負の符号を使って表すと，[＋7]，[－3.2]。　(4)　／

□(5) ＋9 は 0 より[9]大きい数，－12 は 0 より[12]小さい数である。　(5)　／

□(6) $+\frac{2}{3}$，－2，0，＋4，－2.4 の中で，正の整数は[＋4]，負の整数は[－2]。　(6)

❷ 数の大小　▶ 教 p.17-19　Step 2 ❺-❾

□(7) 下の数直線で，点 A，B に対応する数はそれぞれ[－3]，[＋4]　(7)　／

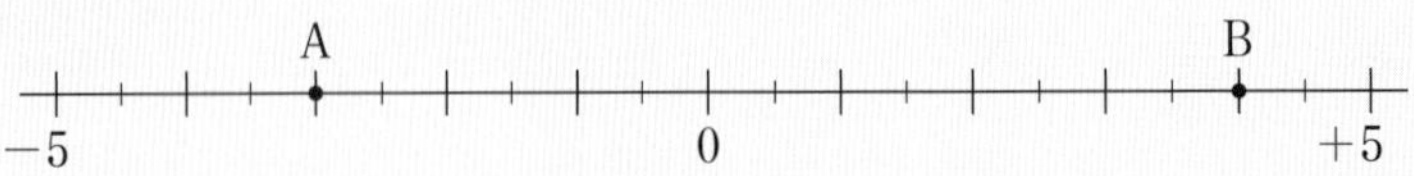

□(8) －6.2 と －7.3 の大小を，不等号を使って表すと，－6.2[＞]－7.3　(8)

□(9) ＋8，0，－2.2 の絶対値はそれぞれ[8]，[0]，[2.2]。　(9)　／　／

□(10) －5 と －4 を比べると，絶対値は[－5]の方が大きく，数直線上では[－4]の方が右にある。　(10)

□(11) 絶対値が 7 である数は，[＋7]と[－7]である。　(11)　／

教科書のまとめ　＿＿に入るものを答えよう！

□ 0 より大きい数を 正の数 といい，0 より小さい数を 負の数 という。

□ 整数には，正の整数，0，負の整数がある。正の整数を 自然数 ともいう。

□ 数直線で，0 に対応する点を 原点 という。

□ 数直線上で，ある数に対応する点と原点との距離を，その数の 絶対値 という。

□ **2数の大小**　①正の数は 0 より 大きく ，負の数は 0 より 小さい 。
また，正の数は負の数より 大きい 。
②2 つの正の数では，絶対値の大きい数の方が 大きい 。
③2 つの負の数では，絶対値の大きい数の方が 小さい 。

Step 2 予想問題 1 正の数・負の数

1ページ 30分

【符号のついた数①(正，負の符号を使って表す)】

よく出る

❶ 次の数量を，正，負の符号を使って表しなさい。

□(1) 0℃より3℃低い温度 (　　　)

□(2) A地点を基準0kmとして，「Aから北へ8km」の地点を＋8kmと表すとき，「Aから南へ3.5km」の地点 (　　　)

□(3) 「300円の損失」を－300円と表すとき，「200円の利益」 (　　　)

【符号のついた数②(正，負の符号の意味)】

点UP

❷ 数量を正，負の符号を使って表すとき，下の問いに答えなさい。

□(1) A地点を基準0mとして，「Aから東へ300m」の地点を＋300mと表すとき，－150mはどの地点を表していますか。 (　　　)

□(2) 「秒速1.2mの向かい風」を－1.2m/sと表すとき，＋0.8m/sはどんなことを表していますか。 (　　　)

【符号のついた数③(正，負の符号を使って数を表す)】

❸ 次の数を，正，負の符号を使って表しなさい。

□(1) 0より15小さい数 (　　　)　□(2) 0より0.6大きい数 (　　　)

【符号のついた数④】

よく出る

❹ 次の数について，下の問いに答えなさい。

$-\frac{8}{5}$，0，＋3，＋1.8，－4，＋12，－6

□(1) 正の数はどれですか。 (　　　)　□(2) 負の数はどれですか。 (　　　)

□(3) 整数はどれですか。 (　　　)　□(4) 自然数はどれですか。 (　　　)

ヒント

❶
反対の性質をもつ数量には，反対の符号(一方が＋ならば他方は－)をつけます。

❷
反対の性質をもつ数量は，正の数，負の数を使って表すことができます。
(1)「東」の反対語で考えます。
(2)「向かい風」の反対語で考えます。

❸
0より大きい数は正の数，0より小さい数は負の数です。

❹
ミスに注意
正の整数を自然数といいましたね。0は自然数にふくまれないことに注意します。

【数の大小①(数直線①)】

5 次の数直線上に，次の数に対応する点をとりなさい。

□ $-3,\ +2.5,\ -\dfrac{9}{2},\ +5,\ -1$

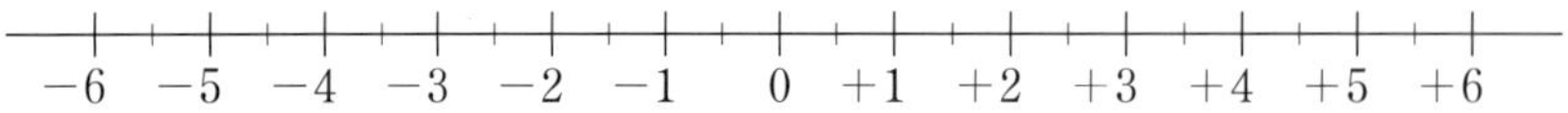

【数の大小②(数直線②)】

よく出る

6 次の数直線上の点 A，B，C，D，E に対応する数をいいなさい。

□

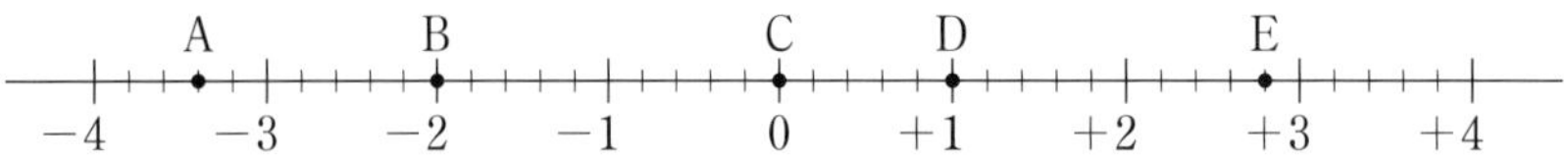

(A　　B　　C　　D　　E　　)

【数の大小③】

点UP

7 次の各組の数の大小を，不等号を使って表しなさい。

□(1) $+6,\ +2$　　(　　)

□(2) $-7,\ -3$　　(　　)

□(3) $+1.6,\ -0.7$　　(　　)

□(4) $-\dfrac{1}{4},\ -\dfrac{3}{4}$　　(　　)

□(5) $0,\ -5,\ +4$　　(　　)

□(6) $-4,\ +7,\ -8$　　(　　)

【数の大小④(絶対値①)】

8 次の数の絶対値を，それぞれいいなさい。

□(1) -3.2　　(　　)

□(2) -18　　(　　)

□(3) 0　　(　　)

□(4) $-\dfrac{3}{5}$　　(　　)

【数の大小⑤(絶対値②)】

9 絶対値が 8 である数をいいなさい。

□

(　　)

ヒント

5

$-\dfrac{9}{2}$ は小数に直して考えます。

6

小さい 1 目盛りは 0.2 を表しています。

テスト得ダネ

数直線上の点を読み取る問題はよく出題されます。1目盛りがいくつになっているか注意しましょう。

7

不等号の記号は，数を小さい順に並べるときには＜を，大きい順に並べるときには＞を使います。

ミスに注意

3つの数の大小を，不等号を使って1つの式に表すときには，＜と＞の両方を使ってはいけません。

8

絶対値を表すときには，正，負の符号はつけません。

9

1つだけではありません。

[解答▶p.1-2]

Step 1 基本チェック　2 加法・減法

15分

教科書のたしかめ　[　]に入るものを答えよう！

1 加法　▶ 教 p.21-25　Step 2 1 2

解答欄

□ (1) $(-2)+(+6)$ の計算を，数直線を使って説明すると，
0 から [負] の向きへ 2 動き，(1)
さらに，[正] の向きへ 6 動く。(2)

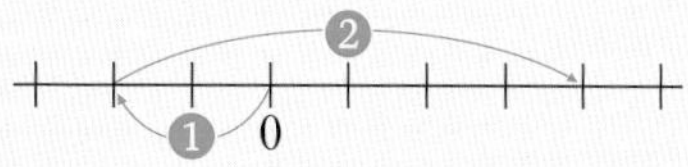

(1)

□ (2) 同符号の 2 数 -4 と -6 の和を求めると，
$(-4)+(-6)=$ [$-$] $(4+6)=$ [-10]　(2)

□ (3) 異符号の 2 数 -5 と $+9$ の和を求めると，
$(-5)+(+9)=$ [$+$] $(9-5)=$ [$+4$]　(3)

2 減法　▶ 教 p.26-30　Step 2 3-5

□ (4) $(+5)-(-2)$ の計算を，数直線を使って説明すると，
$+5$ は，-2 から [正] の向きへ(1)
7 動いた位置にあるから，2 回目
の動きは [$+7$] である。(2)

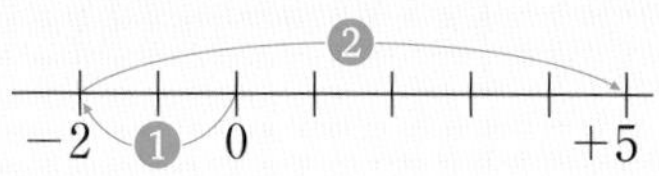

(4)

□ (5) $(+3)-(+7)$ を加法(かほう)に直して計算すると，
$(+3)-(+7)=(+3)+($ [-7] $)=$ [-4]　(5)

□ (6) $(+5)-(-3)$ を加法に直して計算すると，
$(+5)-(-3)=(+5)+($ [$+3$] $)=$ [$+8$]　(6)

3 加法と減法の混じった計算　▶ 教 p.31-33　Step 2 6-9

□ (7) $(+8)+(-6)+(+5)+(-3)$ の計算で，項(こう)の順序を変えると，
$(+8)+($ [$+5$] $)+($ [-6] $)+($ [-3] $)=(+13)+(-9)=+4$　(7)

□ (8) $(-5)-(-7)$ を加法の式に直してから，項だけを並べた式に直すと，
$(-5)+(+7)=$ [$-5+7$] $=+2$　(8)

教科書のまとめ　___ に入るものを答えよう！

□ **正の数，負の数の加法**
同符号の 2 数の和は，2 数の絶対値の 和 に，2 数と同じ符号をつける。
異符号の 2 数の和は，2 数の絶対値の大きい方から小さい方をひいた差に，2 数の絶対値の 大きい 方の符号をつける。また，異符号で絶対値の等しい 2 数の和は， 0 である。

□ **加法の計算法則(ほうそく)**　加法の交換(こうかん)法則　$a+b=$ $b+a$　加法の結合(けつごう)法則　$(a+b)+c=a+$ $(b+c)$

□ **正の数，負の数の減法(げんぽう)**　ひく数の符号を変えて 加える 。

Step 2 予想問題　2 加法・減法

1ページ 30分

【加法①(数直線を使った加法)】

1 数直線を使って，次の計算をしなさい。

□(1) $(-3)+(-2)$

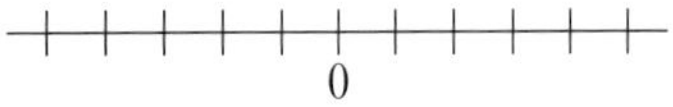

(　　　　)

□(2) $(-3)+(+6)$

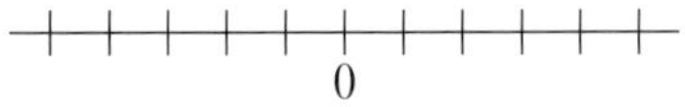

(　　　　)

【加法②】

よく出る

2 次の計算をしなさい。

□(1) $(+8)+(+5)$　(　　　　)

□(2) $(-7)+(-4)$　(　　　　)

□(3) $(+9)+(-2)$　(　　　　)

□(4) $0+(-15)$　(　　　　)

□(5) $(+2.4)+(-1.8)$　(　　　　)

□(6) $(-9.5)+(+2.3)$　(　　　　)

□(7) $\left(-\frac{1}{2}\right)+\left(-\frac{1}{3}\right)$　(　　　　)

□(8) $\left(+\frac{3}{4}\right)+\left(-\frac{5}{6}\right)$　(　　　　)

【減法①(数直線を使った減法)】

3 数直線を使って，次の計算をしなさい。

□(1) $(+2)-(+5)$

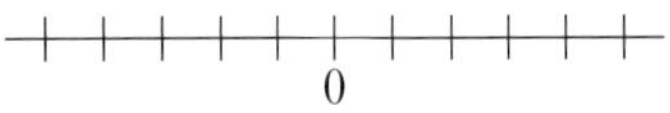

(　　　　)

□(2) $(+2)-(-3)$

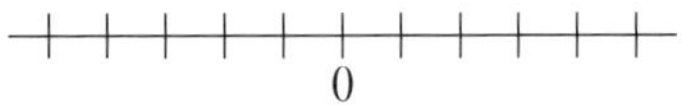

(　　　　)

【減法②】

よく出る

4 次の計算をしなさい。

□(1) $(+3)-(+9)$　(　　　　)

□(2) $(-2)-(-7)$　(　　　　)

□(3) $(+7)-(-8)$　(　　　　)

□(4) $0-(-19)$　(　　　　)

□(5) $(+1.8)-(+3.3)$　(　　　　)

□(6) $(+0.5)-(-2.5)$　(　　　　)

□(7) $\left(-\frac{1}{2}\right)-\left(-\frac{1}{4}\right)$　(　　　　)

□(8) $\left(+\frac{1}{6}\right)-\left(-\frac{2}{9}\right)$　(　　　　)

ヒント

1
正の数は右方向へ動き，負の数は左方向へ動きます。

2
同符号の2数の和は，2数の絶対値の和に，2数と同じ符号をつけます。
異符号の2数の和は，2数の絶対値の大きい方から小さい方をひいた差に，2数の絶対値の大きい方の符号をつけます。

3
ひく数を1回目の動きとして，2回目の動きを求めます。

4
正の数，負の数の減法では，ひく数の符号を変えて加えます。

テスト得ダネ
分数の減法は，
①加法に直す
②通分する
の2つのポイントがあるので，ここで得点の差がつきやすいです。十分に練習しましょう。

[解答▶p.2]

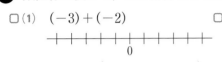

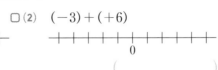

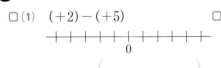

【減法③】

5 右の表は，ある日の大阪，札幌における最高気温と最低気温を示したものです。下の問いに答えなさい。ただし，答えを求めるための式も書きなさい。

	大阪	札幌
最高気温	＋10.5 ℃	＋0.2 ℃
最低気温	＋1.2 ℃	－5.7 ℃

□(1) それぞれの地点における最高気温と最低気温の温度差は何 ℃ですか。

大阪（　　　　），札幌（　　　　）

□(2) 大阪の最低気温を基準 0 ℃とすると，札幌の最低気温は何 ℃と表すことができますか。（　　　　）

【加法と減法の混じった計算①】

6 計算しやすい方法を考えて，次の計算をしなさい。

□(1) $(-8)+(+6)+(+5)+(-7)$ （　　　　）

□(2) $(-12)+(+9)+(-6)+(-3)$ （　　　　）

【加法と減法の混じった計算②(項を並べた式)】

7 次の式を加法の式に直してから，かっこを省いて，項だけを並べた式に直しなさい。

□(1) $(-9)-(-5)-(+12)$

加法の式（　　　　）

項を並べた式（　　　　）

□(2) $(+4)-(+2)+(-3)-(-7)$

加法の式（　　　　）

項を並べた式（　　　　）

【加法と減法の混じった計算③(かっこを使った式)】

8 次の式を加法の記号＋とかっこを使って表しなさい。

□(1) $-3+6-5$ （　　　　）

□(2) $5-6+3-4$ （　　　　）

【加法と減法の混じった計算④】

よく出る

9 次の計算をしなさい。

□(1) $-5+(-3)-(-6)$ （　　　　）

□(2) $9-(+3)-2$ （　　　　）

□(3) $-6-(-4)+5+(-1)$ （　　　　）

□(4) $7-13+15$ （　　　　）

□(5) $-12+17+13-19$ （　　　　）

□(6) $-2.8-6.3+4.5$ （　　　　）

□(7) $\frac{3}{8}-\frac{5}{8}+\frac{1}{8}$ （　　　　）

□(8) $-\frac{1}{2}+\frac{1}{3}-\frac{3}{4}$ （　　　　）

ヒント

5 (2)大阪の最低気温より何 ℃高いか，または低いかを考えます。

6 正の項どうし，負の項どうしをまとめます。

7 正，負の数の減法では，ひく数の符号を変えて，加法だけの式に直します。
(2)最初の項の ＋ の符号は省きます。

8 (2)最初の項は ＋ の符号をつけます。

9 (1)〜(3)減法を加法に直してから，項を並べた形の式に直して計算します。
(8)項を並べかえて通分します。

Step 1 基本チェック　3 乗法・除法／4 数の集合

15分

教科書のたしかめ [ ]に入るものを答えよう！

3 乗法・除法

▶ 教 p.36-52　Step 2 ❶-⓮

解答欄

□(1) 2数の積の符号は，(＋)×(＋)→(＋)，(－)×(－)→[(＋)]
(＋)×(－)→(－)，(－)×(＋)→[(－)]　(1)

□(2) $(-7)\times(-7)$を累乗（るいじょう）の指数（しすう）を使って表すと，[$(-7)^2$]　(2)

□(3) $(-3)^3=(-3)\times(-3)\times(-3)=$[-27]　(3)

□(4) 2数の商の符号は，(＋)÷(＋)→(＋)，(－)÷(－)→[(＋)]
(＋)÷(－)→(－)，(－)÷(＋)→[(－)]　(4)

□(5) 4，$-\frac{3}{4}$の逆数は，それぞれ[$\frac{1}{4}$]，[$-\frac{4}{3}$]である。　(5) ／

□(6) 5×2^3 の計算では，[2^3]を先に計算する。　(6)

□(7) $4+2\times(-3)$の計算では，[$2\times(-3)$]を先に計算する。　(7)

□(8) 153，149，155，144 の平均を 150 を基準として求める式は，
$150+($[$(+3)+(-1)+(+5)+(-6)$]$)\div4$ となる。　(8)

4 数の集合

▶ 教 p.54-60　Step 2 ⓯-⓰

□(9) -7，3，1.5，0，-0.8 の数のうち，自然数の集合（しゅうごう）に入るものは，
[3]　(9)

□(10) 10 から 30 までの自然数のうち，素数（そすう）は[6]個ある。　(10)

□(11) 28 を素因数分解（そいんすうぶんかい）すると，$28=$[2^2]$\times7$　(11)

教科書のまとめ ＿＿ に入るものを答えよう！

□ **正の数，負の数の乗法（じょうほう）**　同符号の2数の積は，2数の絶対値の積に 正 の符号をつける。
異符号の2数の積は，2数の絶対値の積に 負 の符号をつける。

□ **正の数，負の数の除法（じょほう）**　同符号の2数の商は，2数の絶対値の商に 正 の符号をつける。
異符号の2数の商は，2数の絶対値の商に 負 の符号をつける。

□ **乗法の計算法則（ほうそく）**　乗法の交換（こうかん）法則　$a\times b=$ $b\times a$　乗法の結合（けつごう）法則　$(a\times b)\times c=a\times$ $(b\times c)$

□ 正の数，負の数でわることは，その数の 逆数 をかけることと同じである。

□ 加法，減法と乗法，除法が混じっているときは， 乗法，除法 を先に計算する。

□ 四則やかっこが混じった式に累乗があるときは，累乗を 先 に計算する。

□「自然数全体」や「整数全体」のように，ある条件にあてはまるものをひとまとまりにして考えるとき，そのまとまりを 集合 という。

□ 1とその数自身のほかには約数のない自然数を 素数 という。

□ 自然数を素因数だけの積で表すことを，その数を 素因数分解 するという。

Step 2 予想問題 3 乗法・除法／4 数の集合

1ページ 30分

【乗法①】

よく出る

❶ 次の計算をしなさい。

□(1) $(+8)\times(+4)$　□(2) $(-3)\times(-7)$　□(3) $(+6)\times(-6)$

(　　) (　　) (　　)

□(4) $(-5)\times(+9)$　□(5) $0\times(-6)$　□(6) $(+3)\times(-1)$

(　　) (　　) (　　)

□(7) $(-6)\times(-2.5)$　□(8) $\left(-\frac{3}{5}\right)\times(+10)$　□(9) $\frac{5}{6}\times\left(-\frac{3}{10}\right)$

(　　) (　　) (　　)

【乗法②(計算の工夫)】

❷ 計算しやすい方法を考えて，次の計算をしなさい。

□(1) $(-20)\times(+7)\times(-5)$　□(2) $(+8)\times(+1.6)\times(-5)$

(　　) (　　)

□(3) $(+7)\times(-5.3)\times\left(+\frac{1}{7}\right)$　□(4) $\left(-\frac{15}{4}\right)\times(-9)\times\left(+\frac{8}{5}\right)$

(　　) (　　)

【乗法③】

❸ 次の計算をしなさい。

□(1) $3\times6\times(-4)$　□(2) $-2\times4\times(-3)$

(　　) (　　)

□(3) $(-8)\times(-2.5)\times7$　□(4) $-\frac{1}{4}\times5\times(-8)\times(-9)$

(　　) (　　)

【乗法④(累乗の指数)】

よく出る

❹ 次の式を，累乗の指数を使って表しなさい。

□(1) $6\times6\times6$　□(2) $(-5)\times(-5)$　□(3) $\frac{2}{3}\times\frac{2}{3}\times\frac{2}{3}$

(　　) (　　) (　　)

【乗法⑤(累乗の計算)】

よく出る

❺ 次の計算をしなさい。

□(1) $(-2)^2$　□(2) -2^2　□(3) $(-1)^3$

(　　) (　　) (　　)

ヒント

❶
2数の積の符号
$(+)\times(+)$, $(-)\times(-)$ → $(+)$
$(+)\times(-)$, $(-)\times(+)$ → $(-)$

❷
答えの符号を，まず求めます。
－が奇数個→－
－が偶数個→＋
項の順番を変えて，計算します。

❸
正の符号＋が省かれています。
(2)(4)最初の数のかっこが省かれています。

❹
(2)負の数はかっこをつけて，累乗の指数を書きます。

❺
ミスに注意
$(-2)^2=(-2)\times(-2)$
$-2^2=-(2\times2)$
の違いに注意します。

【除法①】

よく出る

❻ 次の計算をしなさい。

□(1) $(+12)\div(+3)$　□(2) $(-24)\div(-8)$　□(3) $(+18)\div(-6)$

□(4) $(-15)\div(+5)$　□(5) $0\div(-7)$　□(6) $(-4)\div(-8)$

□(7) $(-96)\div(+12)$　□(8) $(+3.5)\div(-5)$　□(9) $(-7.2)\div(-9)$

【除法②(逆数)】

❼ 次の数の逆数を求めなさい。

□(1) -3　□(2) $-\frac{1}{4}$　□(3) $-\frac{2}{5}$

【除法③】

点UP

❽ 次の計算をしなさい。

□(1) $\left(-\frac{3}{4}\right)\div\frac{2}{5}$　□(2) $\frac{5}{6}\div\left(-\frac{10}{3}\right)$　□(3) $\left(-\frac{2}{3}\right)\div\left(-\frac{6}{5}\right)$

□(4) $12\div\left(-\frac{9}{4}\right)$　□(5) $\left(-\frac{5}{6}\right)\div(-2)$　□(6) $\frac{5}{8}\div(-15)$

【除法④(乗法と除法の混じった計算)】

よく出る

❾ 次の計算をしなさい。

□(1) $8\times(-6)\div(-3)$　□(2) $(-9)\div4\times(-8)$

□(3) $12\div\left(-\frac{3}{4}\right)\times\frac{5}{8}$　□(4) $\frac{1}{5}\times(-3)\div\frac{9}{10}$

【四則の混じった計算①】

❿ 次の計算をしなさい。

□(1) $36\div(-3)^2$　□(2) $8-(-2)^2$

□(3) -5^2+15　□(4) $(-4)^2+(-6^2)$

ヒント

❻
2数の商の符号
$(+)\div(+)$, $(-)\div(-)$ → $(+)$
$(+)\div(-)$, $(-)\div(+)$ → $(-)$

❼
その数にかけて1となる数を求めましょう。

テスト得ダネ
負の数の逆数は負の数になります。

❽
除法は，わる数を逆数にすると，乗法として考えることができます。わる数の逆数をかける形に直しましょう。

❾
乗法だけの式に直してから計算します。

ミスに注意
乗法を先に計算してはいけない場合があることに注意します。
$(-9)\div4\times(-8)$
$=(-9)\div(-32)$
とはなりません。

❿
累乗の計算を先にしましょう。

[解答▶p.4]

【四則の混じった計算②】

よく出る

11 次の計算をしなさい。

□(1) $6+2\times(-5)$　　□(2) $-5+(-12)\div(-2)$

□(3) $15-(-4)\times3$　　□(4) $(-24)\div4-(-7)\times(-2)$

【四則の混じった計算③】

点UP

12 次の計算をしなさい。

□(1) $6\times(8-13)$　　□(2) $\{7-(-2)\}\times4$

□(3) $(9-21)\div(-3)$　　□(4) $8+4\times(5-8)$

□(5) $(10-5^2)\times(-2)$　　□(6) $-2^2-(7-3^3)$

【四則の混じった計算④(分配法則)】

13 分配法則を利用して，次の計算をしなさい。

□(1) $24\times\left(\frac{1}{8}-\frac{1}{3}\right)$　　□(2) $\left(\frac{4}{7}-\frac{5}{6}\right)\times42$

□(3) $23\times8+23\times(-9)$　　□(4) $5.2\times(-6.3)+4.8\times(-6.3)$

【正の数・負の数の利用】

14 □ 右の表は，A，B，C，Dの4人の100m走の記録です。14秒を基準として，4人の記録の平均を求めなさい。

メンバー	A	B	C	D
記録(秒)	13.6	14.1	14.2	13.7

【数の集合と四則】

15 右の図は，数の集合の関係を表したものです。次の計算結果は，図のどの部分に入りますか。右の図に，それぞれ番号で書き入れなさい。

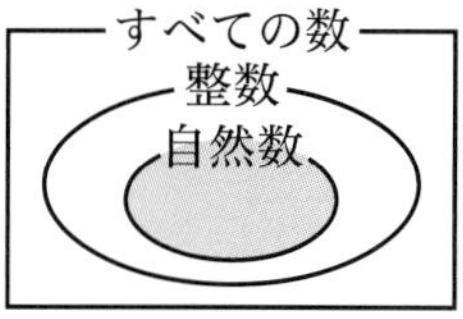

□(1) $3+5$　□(2) $3-5$　□(3) 3×5　□(4) $3\div5$　□(5) 3×0

【素数(素因数分解)】

よく出る

16 次の数を素因数分解しなさい。

□(1) 36　　□(2) 48　　□(3) 120

ヒント

11 加減と乗除が混じった計算では，乗除を先にします。

12 かっこがあるときは，かっこの中を先に計算します。ただし，(−2)，(−3)などのかっこは，負の数であることを区別するためであり，計算できないので注意しましょう。

13 分配法則

$a\times(b+c)=a\times b+a\times c$

$(b+c)\times a=b\times a+c\times a$

14 14秒を基準としているので，それぞれの記録から14秒をひきます。

15 自然数どうしの加減乗除でも，その計算結果が自然数になるとは限りません。

16 小さい素数で順にわっていきます。

Step 3 予想テスト　1章 正の数・負の数

30分　／100点　目標 80点

1 次の□にあてはまる数やことばをいいなさい。知　8点(各2点，(1)，(3)，(4)完答)

□(1) -2 より5大きい数は□であり，3より8小さい数は□である。

□(2) A地点を基準0kmとして，「A地点から北へ8km」を $+8$km と表すとき，「A地点から南へ10km」は□と表すことができる。

□(3) 絶対値が3である数は，□と□である。

□(4) 次の数のうち，自然数をすべてあげると，□である。

-5，$\dfrac{3}{2}$，0，4，$-\dfrac{2}{3}$，10

2 次の各組の数の大小を，不等号を使って表しなさい。知　8点((1)，(2)各2点，(3)4点)

□(1) -5，2　□(2) $-\dfrac{3}{8}$，$-\dfrac{7}{8}$　□(3) 1，-2，-4

3 次の計算をしなさい。知　18点(各3点)

□(1) $(-6)+(-7)$　□(2) $(+3)+(-5)$　□(3) $8-(-4)$

□(4) $\left(-\dfrac{3}{4}\right)-\left(-\dfrac{1}{2}\right)$　□(5) $7-(-3)-(+5)$　□(6) $-3+8-2+6$

4 次の計算をしなさい。知　18点(各3点)

□(1) $(-7)\times(+3)$　□(2) $\left(-\dfrac{3}{5}\right)^2$　□(3) $1.8\times(-0.5)$

□(4) $(-54)\div(+9)$　□(5) $15\div(-20)$　□(6) $\left(-\dfrac{5}{4}\right)\div\dfrac{15}{7}$

点UP **5** 次の計算をしなさい。知　24点(各3点)

□(1) $-3\times(-2)\times6$　□(2) $8\div(-16)\times4$

□(3) $10\div(-5)^2$　□(4) $-15+(-3)^2$

□(5) $6\times(-3)+(-7)\times(-2)$　□(6) $(9-4)\times3-2\times\{3+(-5)\}$

□(7) $\left(\dfrac{2}{3}-\dfrac{1}{4}\right)\times24$　□(8) $20-18\times\left(\dfrac{5}{9}-\dfrac{1}{2}\right)$

6 540を素因数分解しなさい。知　4点

□

❼ 右の表は，数学のテストでの A，B，C，D，E の５人の得点と，C の得点を基準として，５人それぞれの得点を表したものです。次の問いに答えなさい。考 8点(各４点，(1)，(2)完答)

	A	B	C	D	E
得点	55	100	70	75	90
C を基準とした得点	㋐	㋑	0	㋒	㋓

□(1) ㋐～㋓にあてはまる数を書きなさい。

□(2) C の得点を基準として，５人の得点の平均を求めなさい。ただし，答えを求めるための式も書きなさい。

点UP ❽ □ 右の表は，数の集合 ①，②，③ にふくまれる数で四則を行い，求めた数がそれぞれもとの集合にふくまれるかを表しています。○はつねにふくまれる(計算ができる)ことを示し，×はふくまれない(計算ができるとは限らない)ことを示します。ただし，除法では，0 でわることを除いて考えるものとします。集合 ①～③ には，㋐自然数の集合，㋑整数の集合，㋒すべての数の集合のうち，どの集合があてはまりますか。記号で答えなさい。考 12点(完答)

	加法	減法	乗法	除法
①	○	○	○	×
②	○	○	○	○
③	○	×	○	×

❶	(1)		(2)
	(3)		(4)
❷	(1)	(2)	(3)
❸	(1)	(2)	(3)
	(4)	(5)	(6)
❹	(1)	(2)	(3)
	(4)	(5)	(6)
❺	(1)	(2)	(3)
	(4)	(5)	(6)
	(7)	(8)	
❻			
❼	(1)㋐ ㋑	㋒	㋓
	(2)(式)		平均
❽	①	②	③

Step 1 基本チェック　1 文字式

15分

教科書のたしかめ　[　]に入るものを答えよう！

❶ 文字を使った式　▶教 p.68-70　Step 2 ❶

解答欄

※(1)～(3)では，× や ÷ は省かないことにします。

□(1) 1個120円のリンゴを a 個買ったときの代金は，([$120\times a$])円である。　(1)

□(2) aL の牛乳を5人で等分したときの1人分の牛乳の量は，([$a\div 5$])L である。　(2)

□(3) 1冊 a 円のノート3冊と，1本 b 円の鉛筆を5本買ったときの代金の合計は，([$a\times 3+b\times 5$])円である。　(3)

□(4) $a=-3$ のとき，$-4a$ の値は[12]　(4)

❷ 文字式の表し方　▶教 p.71-77　Step 2 ❷-❼

□(5) $a\times 5$ を，文字式の表し方にしたがって表すと，[$5a$]　(5)

□(6) $(a+2b)\times(-2)$ を，文字式の表し方にしたがって表すと，[$-2(a+2b)$]　(6)

□(7) $x\times x\times 2$ を，累乗（るいじょう）の指数を使って表すと，[$2x^2$]　(7)

□(8) $2ab$ を，乗法の記号×を使って表すと，[$2\times a\times b$]　(8)

□(9) $b\div 3$ を，文字式の表し方にしたがって表すと，[$\frac{b}{3}$]　(9)

□(10) $\frac{x}{5}$ を，除法の記号 ÷ を使って表すと，[$x\div 5$]　(10)

□(11) ag の9%を，文字式で表すと，[$0.09a$]g　(11)

□(12) $a=-1$, $b=2$ のとき，$-a^2b$ の値は[-2]，$\frac{a-b}{3}$ の値は[-1]　(12)

□(13) 右の三角形の面積を文字式で表すと，[$\frac{3}{2}h$]cm^2　(13)

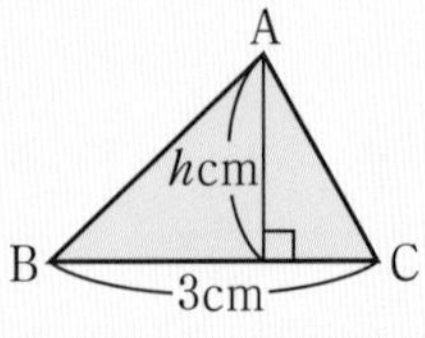

教科書のまとめ　＿＿に入るものを答えよう！

□ $5\times a$ のように，文字を使って表した式を 文字式 という。

□ 式の中の文字を数でおきかえることを，文字にその数を 代入する といい，代入 して計算した結果を，その 式の値 という。

□ **積の表し方**　文字式では，乗法の記号 × を省く。数と文字の積では，数 を 文字 の前に書く。

□ **累乗の表し方**　$a\times a\times a$ のように同じ文字の積は，累乗の 指数 を使って a^3 と表す。

□ **商の表し方**　文字式では，除法の記号 ÷ を使わずに，分数 の形で表す。

Step 2 予想問題 1 文字式

1ページ 30分

【文字を使った式】

❶ 次の数量を，文字式で表しなさい。ただし，× や ÷ の記号は省かないことにします。

□(1) 1個 a 円のケーキを5個買ったときの代金

（　　　　　）

□(2) 1個120円のりんご x 個と，1個100円のかき y 個を買ったときの代金の合計

（　　　　　）

□(3) 面積 30cm^2，底辺 $a\text{cm}$ の平行四辺形の高さ

（　　　　　）

【文字式の表し方①】

よく出る

❷ 次の式を，文字式の表し方にしたがって表しなさい。

□(1) $2\times a$　（　　　）　□(2) $y\times(-1)$　（　　　）　□(3) $2.4\times x$　（　　　）

□(4) $x\times\frac{3}{4}$　（　　　）　□(5) $y\times x\times 3$　（　　　）　□(6) $(a-b)\times(-2)$　（　　　）

□(7) $a\times 4+1\times b$　（　　　）　□(8) $a\times b\times a\times a$　（　　　）　□(9) $x\div 7$　（　　　）

□(10) $a\times b\div 4$　（　　　）　□(11) $x\times x\div 5$　（　　　）　□(12) $(a+b)\div 3$　（　　　）

【文字式の表し方②(乗法の記号を使って表す)】

❸ 次の式を，乗法の記号 × を使って表しなさい。

□(1) $5x$　（　　　）　□(2) $4x-3y$　（　　　）　□(3) $-3b^2$　（　　　）

【文字式の表し方③(除法の記号を使って表す)】

❹ 次の式を，除法の記号 ÷ を使って表しなさい。

□(1) $\frac{x}{6}$　（　　　）　□(2) $\frac{b}{a}$　（　　　）　□(3) $\frac{x+y}{4}$　（　　　）

ヒント

❶

(3)(平行四辺形の面積)＝(底辺)×(高さ)
この式から，高さを求める式をつくります。

❷

数字を先に書きます。

(5)文字はアルファベット順。

(6)数字は(　)の前です。

(7) $1b$ は b と表します。

(9)〜(12)除法は分数の形に直します。

ミスに注意

$1a$，$-1a$ の1は省いて，
$1a\to a$
$-1a\to -a$
と表します。ただし，$0.1a$ の1は省くことができません。

❸

(3) -3 は (-3) の形で書きます。

❹

(3)分子の式を(　)でくくります。

【文字式の表し方④(式の値)】

点UP

5 次の問いに答えなさい。

(1) $x=2$ のとき，次の式の値を求めなさい。

□① $2x-1$ □② $12-3x$ □③ $-4x+3$

(　　) (　　) (　　)

(2) $a=-3$ のとき，次の式の値を求めなさい。

□① $-3a+2$ □② $\dfrac{5a}{6}$ □③ $-2a^2$

(　　) (　　) (　　)

(3) $a=3$，$b=-5$ のとき，次の式の値を求めなさい。

□① $3a+2b$ □② $\dfrac{3a-b}{2}$ □③ $-5a+b^2$

(　　) (　　) (　　)

【文字式の表し方⑤(いろいろな数量の表し方)】

よく出る

6 次の数量を，文字式の表し方にしたがって表しなさい。

□(1) 10個入りのたまごのパックを x パック買ったときのたまごの総数

(　　)

□(2) 1個 a 円のケーキを3個買って，1000円札を出したときのおつり

(　　)

□(3) y 人の5%の人数

(　　)

□(4) 定価 a 円の商品の1割引きの値段

(　　)

□(5) 底辺 $2a$cm，高さ $h$cm の三角形の面積

(　　)

【文字式の表し方⑥(式の表す数量)】

点UP

7 A地点からB地点までの道のりは3500mあります。A地点から分速80mの速さでB地点に向かって歩き始め，x 分後にC地点まで来ました。このとき，次の式はどんな数量を表していますか。

□(1) $80x$ m □(2) $(3500-80x)$ m

(　　) (　　)

ヒント

5

(1)③ $-4x=(-4)\times x$

(2)負の数を代入するときは，(　)をつけます。

ミスに注意

累乗の文字式に負の数を代入するときには注意が必要です。

例 a^2 に $a=-2$ を代入するとき

-2^2……誤

$(-2)^2$….正

(3)②わり算の式に直してから代入すれば，計算ミスが防げます。

6

(4)全体(定価)は10割

(5)(三角形の面積)
＝(底辺)×(高さ)÷2

7

(道のり)
＝(速さ)×(時間)

テスト得ダネ

文字式の表す数量の意味を問う問題はよく出題されます。

[解答▶p.7]

Step 1 基本チェック　2 式の計算

15分

教科書のたしかめ　[　]に入るものを答えよう！

❶ 1次式の計算　▶ 教 p.79-84　Step 2 ❶-❼

解答欄

□(1) $2a-3$ の式で，項(こう)は $2a$ と[-3]であり，a の係数(けいすう)は[2]である。　(1)

□(2) 次の式のうち，1次(じ)式は[㋐，㋒]である。　(2)

㋐ $2y-8$　㋑ $3a^2+a$　㋒ $-\frac{2}{3}x+1$　㋓ 5

□(3) $3y-7y$ を，分配法則を使ってまとめると，

$3y-7y=($[$3-7$]$)y=$[$-4y$]　(3)

□(4) $4(-2x+1)$を，分配法則を使ってかっこをはずすと，

[$4\times(-2x)$]$+4\times1=-8x+4$　(4)

□(5) $\frac{4x-1}{3}\times12=\frac{(4x-1)\times12}{3}=(4x-1)\times$[4]$=$[$16x-4$]　(5)

□(6) $9a\div3$ を，分数の形に直して計算すると，[$\frac{9a}{3}$]$=$[$3a$]　(6)

□(7) $2(x-2)+3(x+4)=2x-4+$[$3x+12$]$=$[$5x+8$]　(7)

❷ 文字式の利用　▶ 教 p.85-86　Step 2 ❽

□(8) 図1のように，同じ長さのストローを使って，長方形を x 個横につないだ形をつくる。このとき，左端(はし)の2本をのぞくと，図2のような形が x 個あることになるので，必要なストローの本数は，全部で([$4x$]$+2$)本である。　(8)

図1

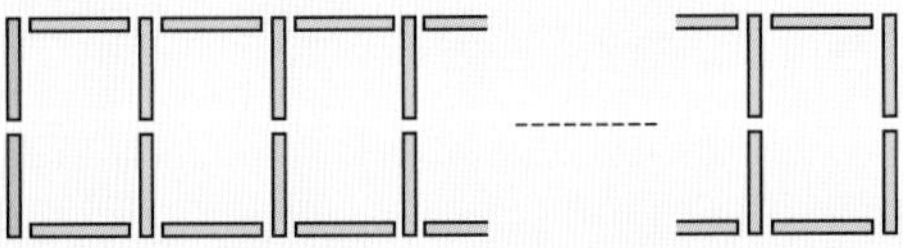

図2

□(9) 右の図のように，マグネットを正方形の形に並べる。1辺に並ぶマグネットの個数が n 個のときの全体の個数は，[$4(n-1)$]個である。　(9)

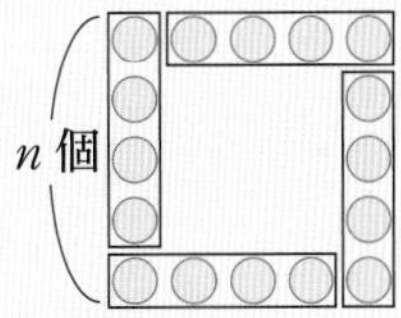

教科書のまとめ　＿＿に入るものを答えよう！

□ $-2x+5$ の式で，$-2x$ と 5 を，この式の 項 という。

□ $-2x+5$ の文字をふくむ項 $-2x$ で，数の部分 -2 を x の 係数 という。

□ $2a$ や $-3x$ のように，1つの文字と正の数や負の数との積で表される項を 1次の項 という。

□ $3a+2$ のように，1次の項と数の項との和の式や，1次の項だけの式を 1次式 という。

□ 1つの式の中に，文字の部分が同じ項があるときは，$3x-5x=(3-5)x=-2x$ のように，分配法則 を使って1つの項にまとめることができる。

Step 2 予想問題 2 式の計算

1ページ 30分

【1次式の計算①(項と係数)】

1 次の式の項をいいなさい。また，文字をふくむ項の係数をいいなさい。

□(1) $-2x-7$

項(　　　) 係数(　　　)

□(2) $5-a$

項(　　　) 係数(　　　)

□(3) $\dfrac{x}{3}+6$

項(　　　) 係数(　　　)

□(4) $1-\dfrac{3}{4}y$

項(　　　) 係数(　　　)

【1次式の計算②】

2 次の式のうち，1次式はどれですか。すべて答えなさい。

□ ㋐ 6　㋑ $-3x$　㋒ $7+\dfrac{x}{3}$　㋓ $2x^2-1$

(　　　)

【1次式の計算③】

よく出る

3 次の計算をしなさい。

□(1) $3x+4x$ (　　　)　□(2) $-4a+2a$ (　　　)　□(3) $-7y-y$ (　　　)

□(4) $0.5x+1.2x$ (　　　)　□(5) $\dfrac{5}{8}y+\dfrac{7}{8}y$ (　　　)　□(6) $2a-\dfrac{a}{4}$ (　　　)

【1次式の計算④(1次式どうしの加法・減法)】

よく出る

4 次の計算をしなさい。

□(1) $3x+2+2x+5$ (　　　)　□(2) $8+2y+3-5y$ (　　　)

□(3) $-4x+7-3x-2$ (　　　)　□(4) $\dfrac{1}{2}a-3+5-\dfrac{2}{3}a$ (　　　)

ヒント

1
係数は正，負の符号をつけて考えます。正の符号＋は省いて書きます。

ミスに注意
x や $-x$ の係数を，数が書かれていないからといって，0と答えてはいけません。$x=1\times x$であることに注意しましょう。

2
1次の項だけの式や，1次の項と数の項の和の式が1次式です。

3
(5)係数は仮分数のままとし，約分できるときは約分します。

4
答えは，ふつう1次の項，数の項の順で書きます。
(4)係数を通分してから計算します。

[解答▶p.8]

【1次式の計算⑤(1次式と数の乗法)】

よく出る

5 次の計算をしなさい。

□(1) $3\times(-7a)$　□(2) $1.2x\times10$　□(3) $\frac{3}{4}y\times8$

□(4) $2(x-3)$　□(5) $(2a+1)\times(-3)$　□(6) $-\frac{2}{3}(9x-6)$

【1次式の計算⑥(1次式と数の除法)】

6 次の計算をしなさい。

□(1) $12a\div3$　□(2) $-14x\div(-8)$　□(3) $18b\div\frac{6}{5}$

□(4) $(3x+12)\div3$　□(5) $(4b-8)\div(-4)$　□(6) $(15a-20)\div\frac{5}{3}$

【1次式の計算⑦(いろいろな計算)】

よく出る

7 次の計算をしなさい。

□(1) $-(3x-2)+(4x-3)$　□(2) $2(2x-1)+3(x+2)$

□(3) $\frac{1}{3}(12a+3)-\frac{1}{2}(6a-4)$　□(4) $12\left(\frac{a}{3}-1\right)-8\left(\frac{a}{4}+2\right)$

【文字式の利用】

点UP

8 □ 次の図のように，同じ長さのストローを使って，長方形を1個，2個，3個と横につないだ形をつくります。長方形をx個つくるとき，ストローは何本必要ですか。

長方形の数	ストローの本数を求める式
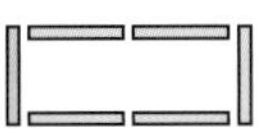	$1+(5\times1)$
	$1+(5\times2)$
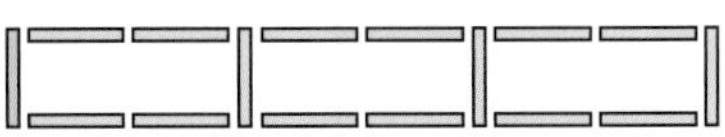	$1+(5\times3)$

ヒント

5
(4)〜(6)分配法則を使ってかっこをはずします。
分配法則
$a(b+c)=ab+ac$
$(b+c)a=ba+ca$

6
(2)係数は約分し，仮分数のままで答えます。
(3)乗法に直して計算するとき，$\frac{6}{5}$の逆数の$\frac{5}{6}$をかけます。
(4)〜(6)わる数の逆数をかける形にし，分配法則を使います。

7
(1)$-(3x-2)$
$=(-1)\times(3x-2)$

8
長方形が1つ増えるごとにストローが何本増えるかを考えます。

Step 3 予想テスト

2章 文字式

30分　　/100点　目標 80点

1 次の式を，文字式の表し方にしたがって表しなさい。知　　12点(各2点)

□(1) $x\times(-2)$　□(2) $(2a+7b)\times(-5)$　□(3) $x\times\frac{2}{3}+3\times y$

□(4) $x\times(-1)\times y\times x$　□(5) $a\div12$　□(6) $(3x-y)\div4$

2 次の問いに答えなさい。知　　12点(各2点)

(1) 次の式を，乗法の記号 × を使って表しなさい。

□① $-7x$　□② $5a^2b$　□③ $3(x-y)$

(2) 次の式を，除法の記号 ÷ を使って表しなさい。

□① $\frac{x}{5}$　□② $\frac{3}{b}$　□③ $\frac{x+y}{6}$

点UP

3 次の数量を，文字式の表し方にしたがって表しなさい。考　　20点(各4点)

□(1) 1個 a 円のケーキを3個買って，50円の箱に入れてもらったときの代金の合計

□(2) $b$kg のさとうを4等分したときの1つ分の重さ

□(3) 40km の道のりを時速 20km の自転車で，x 時間走ったときの残りの道のり

□(4) a 人の 30%の人数

□(5) 右の図のような三角形の面積

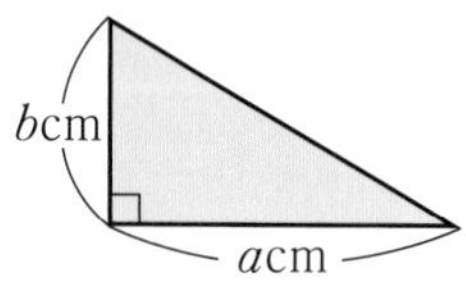

4 よしきさんは，300ページの本を，1日に x ページずつ読むことにしました。このとき，次の式はどんな数量を表していますか。考　　10点(各5点)

□(1) $5x$ ページ　□(2) $(300-5x)$ページ

5 $x=5$，$y=-3$ のとき，次の式の値を求めなさい。知　　12点(各2点)

□(1) $4x-9$　□(2) $\frac{5}{6}y$　□(3) $3x+2y$

□(4) $\frac{x+y}{2}$　□(5) $3xy$　□(6) $2x+y^2$

6 次の計算をしなさい。知　　24点(各3点)

□(1)　$3a\times(-2)$　　□(2)　$-2(2x-3)$　　□(3)　$14y\div 7$

□(4)　$(6x+9)\div 3$　　□(5)　$3x+7x$　　□(6)　$2a-1+7a+4$

□(7)　$2(5x-1)-(x+3)$　　□(8)　$12\left(\dfrac{x}{3}+1\right)-6\left(\dfrac{x}{2}-3\right)$

点UP

7 右の図1のように，碁石(ごいし)を並べて正三角形をつくります。1辺に並べる碁石の個数を x 個として碁石の総数を求めるとき，次の問いに答えなさい。考　　10点(各5点，完答)

□(1)　あゆみさんは，図2のように正三角形を3つの部分に分けて碁石の総数を求めました。あゆみさんの考え方を表す式を書きなさい。

□(2)　あゆみさんとは別の考え方で碁石の総数を求め，それを解答欄の図に示しなさい。また，その考え方を表す式を書きなさい。

図1

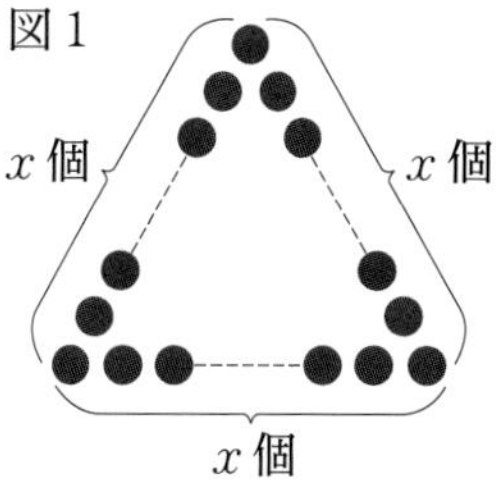

図2

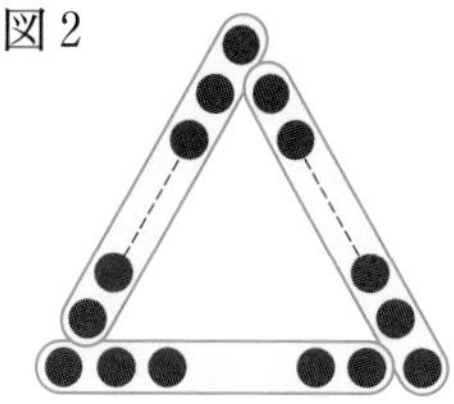

1	(1)	(2)	(3)
	(4)	(5)	(6)
2	(1)①	②	③
	(2)①	②	③
3	(1)	(2)	(3)
	(4)	(5)	
4	(1)	(2)	
5	(1)	(2)	(3)
	(4)	(5)	(6)
6	(1)	(2)	
	(3)	(4)	
	(5)	(6)	
	(7)	(8)	

7	(1)
	(2) 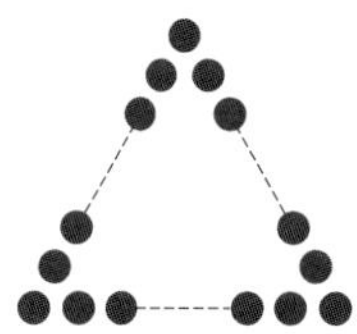 (式)

Step 1 基本チェック 1 方程式

15分

教科書のたしかめ [ ]に入るものを答えよう！

❶ 等式と不等式
▶ 教 p.96-99 Step 2 ❶

解答欄

□(1) 「ある数 x の3倍に1を加えると，16になる。」を等式で表すと，[$3x+1$]$=16$ (1)

□(2) 「1冊 a 円のノートを5冊買ったときの代金は，1000円以下であった。」を不等式で表すと，[$5a \leqq 1000$] (2)

❷ 方程式
▶ 教 p.100-101 Step 2 ❷

□(3) 次の式のうち，方程式は[㋑]である。 (3)

㋐ $-1+3=2$　㋑ $2x-3=5$　㋒ $3x-2$

□(4) 2，3，4のうち，方程式 $2x+3=x+5$ の解(かい)は，[2] (4)

❸ 方程式の解き方
▶ 教 p.102-109 Step 2 ❸-❼

□(5) $x-3=5$ を解(と)きなさい。

両辺に3を加えると，$x-3+3=$[$5+3$]，$x=8$ (5)

□(6) $\frac{1}{3}x=-2$ を解きなさい。

両辺に3をかけると，$\frac{1}{3}x\times 3=$[$(-2)\times 3$]，$x=-6$ (6)

□(7) 方程式 $4x-7=5$ を解きなさい。

-7 を移項すると，$4x=$[$5+7$] (7)

両辺を4でわると，$x=$[3]

□(8) $6x+2(x-12)=8$ かっこをはずすと，$6x+$[$2x-24$]$=8$ (8)

□(9) $1.2x-0.6=1.8$ 両辺に[10]をかけると，[$12x-6$]$=18$ (9) ／

□(10) $\frac{1}{2}x+3=\frac{1}{3}x$ 両辺に[6]をかけると，[$3x+18$]$=2x$ (10) ／

教科書のまとめ ＿＿に入るものを答えよう！

□数量の関係を，等号を使って表した式を 等式 ，不等号を使って表した式を 不等式 という。

□等式や不等式の左側の式を 左辺 ，右側の式を 右辺 ，両方を合わせて両辺という。

□ x の値によって成り立ったり，成り立たなかったりする等式を，x についての 方程式 という。

□方程式を成り立たせる x の値を，方程式の 解 といい，それを求めることを，方程式を 解く という。

□等式の一方の辺にある項を，符号を変えて他方の辺に移すことを 移項 という。

□係数に分数をふくむ方程式で分数をふくまない形に変形することを 分母をはらう という。

□移項して整理すると，$ax+b=0$ $(a \neq 0)$ の形になる方程式を 1次方程式 という。

Step 2 予想問題 1 方程式

1ページ 30分

【等式と不等式】

1 次の数量の関係を，等式や不等式で表しなさい。

□(1) ある数 x の2倍から3をひくと，5になる。 (　　　)

□(2) 80円切手 a 枚と50円切手 b 枚を買ったときの代金の合計は800円だった。 (　　　)

□(3) 長さ am の紙テープを4等分したところ，1本分の長さは1m より短くなった。 (　　　)

□(4) 1個 x 円のもも3個を買って，1000円札を出したところ，おつりが200円以上あった。 (　　　)

【方程式】

よく出る

2 次の方程式の解は，1，2，3，4のうちどれですか。

□(1) $3x-2=4$ (　　　)　□(2) $x+1=7-x$ (　　　)　□(3) $2x-5=x-2$ (　　　)

【方程式の解き方①(等式の性質)】

3 方程式(1) $x-3=2$，(2) $4x=8$ を次のように変形してそれぞれ解きました。(1)，(2)の変形は等式の性質のうちどれを使っていますか。右の表の①～④の中から選び，記号で答えなさい。

等式の性質
$A=B$ ならば，
① $A+m=B+m$
② $A-m=B-m$
③ $Am=Bm$
④ $\dfrac{A}{m}=\dfrac{B}{m}$ $(m \neq 0)$

□(1) $x-3=2$
↓
$x-3+3=2+3$
$x=5$
(　　　)

□(2) $4x=8$
↓
$\dfrac{4x}{4}=\dfrac{8}{4}$
$x=2$
(　　　)

【方程式の解き方②(等式の性質を使って方程式を解く)】

4 次の方程式を解きなさい。

□(1) $x+5=8$ (　　　)　□(2) $x-4=2$ (　　　)　□(3) $x-6=-3$ (　　　)

□(4) $3x=24$ (　　　)　□(5) $-6x=3$ (　　　)　□(6) $\dfrac{1}{4}x=4$ (　　　)

ヒント

1
不等号の意味を確認して使いましょう。
・$a<b$
　a は b より小さい。
・$a>b$
　a は b より大きい。
・$a \leqq b$
　a は b 以下。
・$a \geqq b$
　a は b 以上。

2
x に数を代入したとき，左辺と右辺の式の値が等しくなるものを選びます。

3
それぞれ2行目のところで，等式の性質を使っています。

4
等式の性質を使って，$x=$(数)の形にして解きます。
(1)両辺から5をひく。
(2)両辺に4を加える。
(5)両辺を -6 でわる。

3章

【方程式の解き方③（移項を使った方程式の解き方）】

よく出る

5 次の方程式を解きなさい。

□(1) $4x+7=19$　　　　□(2) $-3x-2=7$

(　　　　)　　　　(　　　　)

□(3) $5x-12=3x$　　　　□(4) $6x+5=3x-1$

(　　　　)　　　　(　　　　)

□(5) $-15+7x=2x+5$　　　　□(6) $3+4x=x-2$

(　　　　)　　　　(　　　　)

【方程式の解き方④（かっこをふくむ方程式）】

よく出る

6 次の方程式を解きなさい。

□(1) $3(x-4)+2=5$　　　　□(2) $5x-9(x+3)=-3$

(　　　　)　　　　(　　　　)

□(3) $-2(x+2)=3x+1$　　　　□(4) $4(x-1)=-6(3-x)$

(　　　　)　　　　(　　　　)

【方程式の解き方⑤（小数や分数をふくむ方程式）】

点UP

7 次の方程式を解きなさい。

□(1) $0.5x+1=0.3x$　　　　□(2) $0.2x-1=0.8x+1.4$

(　　　　)　　　　(　　　　)

□(3) $0.12x=0.09x-0.02$　　　　□(4) $0.06x-0.3=0.15x+0.24$

(　　　　)　　　　(　　　　)

□(5) $\frac{1}{2}x=\frac{1}{3}x+1$　　　　□(6) $\frac{3}{4}x-\frac{1}{6}=\frac{2}{3}x+1$

(　　　　)　　　　(　　　　)

□(7) $\frac{2x+3}{4}=1$　　　　□(8) $\frac{x+1}{4}=\frac{2x-3}{3}$

(　　　　)　　　　(　　　　)

ヒント

5

文字の項を左辺に，数の項を右辺に移項して，$ax=b$ の形にします。

(4) $6x+5=3x-1$

$6x-3x=-1-5$

テスト得ダネ

方程式を解く問題はよく出るので，確実に解けるようにしましょう。

6

かっこをはずして式の整理をします。

ミスに注意

かっこの前が負の数の場合は，かっこをはずすときに，符号に注意しましょう。

7

(1)〜(4)両辺を10倍，100倍して，係数を整数にします。

(5)(6)係数の分母の最小公倍数を両辺にかけて分母をはらいます。

(7)左辺の分母の数を両辺にかけて分母をはらいます。

(8)分母の最小公倍数を両辺にかけて分母をはらいます。分子の式にはかっこをつけます。

[解答▶p.11-12]

Step 1 基本チェック　2 1次方程式の利用

15分

教科書のたしかめ　[ ]に入るものを答えよう！

❶ 1次方程式の利用　▶ 教 p.112-116　Step 2 ❶-❸

解答欄

姉と妹の年齢(ねんれい)の和が 28 歳(さい)，年齢の差が 4 歳であるとき，妹の年齢を求めなさい。

□ (1) 妹の年齢を x 歳とすると，姉の年齢は（[$x+4$]）歳となる。　(1)

□ (2) 数量の関係を見つけ，方程式をつくる。
2 人の年齢の和を考えると，$x+(x+4)=$[28]　(2)

□ (3) 方程式を解くと，$x=$[12]　(3)

□ (4) したがって，妹の年齢は[12]歳　(4)

❷ 比例式　▶ 教 p.117-120　Step 2 ❹-❽

□ (5) 5：3 の比の値は[$\frac{5}{3}$]，6：1 の比の値は[6]　(5)

□ (6) 比例式 $x：15=7：3$ を解くと，$\frac{x}{[\ 15\ ]}=\frac{7}{[\ 3\ ]}$ より，
$x=$[35]　(6)

□ (7) 比例式の性質を使って比例式 $3：x=9：6$ を解くと，
[$9x$]$=3\times$[6]より，$x=2$　(7)

□ (8) あるお菓子(かし)を作るとき，砂糖 125g に小麦粉 200g の割合で混ぜます。これと同じお菓子を作るために，小麦粉を 360g 用意しました。砂糖は何 g 用意すればよいですか。
砂糖を xg 用意するとすると，$x：360=$[125]：200　(8)

$$x\times200=360\times[\ 125\ ]$$

$$x=\frac{45000}{200}=225$$

砂糖は[225]g 用意すればよい。

教科書のまとめ　＿＿に入るものを答えよう！

□ **方程式を利用して問題を解く手順**

①問題の中にある，数量 の関係を見つけ，図や表，ことばの式で表す。

②わかっている数量，わからない数量をはっきりさせ，文字を使って 方程式をつくる 。

③方程式を 解く 。

④方程式の解が問題に適していることを確かめ，適していれば問題の 答え とする。

□ $a：b=3：5$ のように，2 つの比が等しいことを表した式を 比例式 という。

□ 比例式にふくまれる文字の値を求めることを，比例式を 解く という。

□ **比例式の性質**　$a：b=c：d$ ならば，$ad = bc$

Step 2 予想問題 2 1次方程式の利用

1ページ 30分

【1次方程式の利用①】

よく出る

1 次の問いに答えなさい。

□(1) 折り紙が80枚あります。この折り紙を姉が妹より10枚多くなるように分けました。妹は折り紙を何枚もらいましたか。

(　　　　　　)

□(2) まわりの長さが56cmの長方形があります。横の長さは縦の長さより4cm長くなっています。縦の長さは何cmですか。

(　　　　　　)

□(3) 50円切手と120円切手を合わせて20枚買ったときの代金の合計は1560円になりました。50円切手は何枚買いましたか。

(　　　　　　)

【1次方程式の利用②】

2 □ キャンディーが何個かあります。これを何人かの子どもに配ります。1人に5個ずつ配ると10個あまります。1人に6個ずつ配ると3個たりません。子どもの人数とキャンディーの個数を求めなさい。

人数(　　　　　　)　キャンディー(　　　　　　)

【1次方程式の利用③】

点UP

3 ある日，大地さんは，分速70mの速さで歩いて駅に向かいました。大地さんの忘れ物に気づいた兄は，大地さんが出発してから12分後に，分速280mの速さの自転車で追いかけました。兄が大地さんに追いついたのは，大地さんがちょうど駅に着いたときでした。次の問いに答えなさい。

□(1) 兄が家を出てから大地さんに追いつくまでの時間をx分として，方程式をつくりなさい。

(　　　　　　)

□(2) 大地さんの家から駅までの道のりを求めなさい。

(　　　　　　)

ヒント

1

(1)妹の枚数をx枚とすると，姉は$(x+10)$枚です。

(2)縦を$x$cmとして方程式をつくります。長方形では縦，横の辺がそれぞれ2つずつあることに注意しましょう。

(3)50円切手の枚数をx枚とすると，120円切手の枚数は，$(20-x)$枚です。

2

子どもの人数をx人とすると，5個ずつ配るのに必要な個数は$5x$個，6個ずつでは$6x$個となります。

3

大地さんの歩いた道のりと，兄の進んだ道のりを等号で結んで方程式をつくります。

テスト得ダネ

速さの問題は，方程式の応用として，よく出題されます。方程式のつくり方を正しく理解しておきましょう。

[解答▶p.12]

【比例式①(比の値)】

よく出る

❹ 次の比について，比の値を求めなさい。

□(1)　3：5　　□(2)　6：8　　□(3)　8：40　　□(4)　12：6

(　　)　(　　)　(　　)　(　　)

【比例式②(比例式の解き方)】

❺ 比例式の性質を使って，次の比例式を解きなさい。

□(1)　$x:8=3:4$　　□(2)　$x:8=2:5$　　□(3)　$5:9=x:27$

(　　)　(　　)　(　　)

□(4)　$8:12=x:18$　　□(5)　$x:\frac{1}{2}=3:5$　　□(6)　$2:(x-3)=6:3$

(　　)　(　　)　(　　)

【比例式③(比例式の利用①)】

よく出る

❻ □ 縦と横の長さの比が4：5の長方形の土地があります。この土地の横の長さが80mのとき，縦の長さは何mですか。

(　　)

【比例式④(比例式の利用②)】

❼ □ 180gの水に15gの食塩を入れてつくった食塩水があります。これと同じ濃さの食塩水をつくるとき，水300gに対して食塩を何g入れればよいですか。

(　　)

【比例式⑤(比例式の利用③)】

点UP

❽ □ 1：25000の縮尺の地図上で6cmで表される長さの実際の距離は何kmですか。

(　　)

ヒント

❹

ミスに注意

比の値を求めるとき，約分を忘れないようにしましょう。

❺

比例式の性質

$a:b=m:n$

ならば，$an=bm$

(1)　$x:8=3:4$（8×3，$x\times4$）

ミスに注意

かけるものをミスしないことが重要です。

bとmをかける

$a:b=m:n$

aとnをかける

❻

縦の長さをxmとして比例式をつくります。

❼

(水の重さ)：(食塩の重さ)の比例式をつくります。

❽

1：25000

1 ← 地図上の長さ

25000 ← 実際の距離

3章

Step 3 予想テスト　3章 1次方程式

30分　／100点　目標 80点

1 次の数量の関係を，等式や不等式で表しなさい。知　4点(各2点)

□(1) 50円切手 a 枚と80円切手 b 枚を買ったところ，合計の代金は1000円だった。

□(2) ある数 x を3倍して2を加えると，ある数 y の3倍より大きくなる。

2 方程式 $2(x-3)=10$ を，次のように変形して解きました。(1)，(2)の変形は，等式の性質のうちどれを使いましたか。右の表のㇷ゚～㊍の中から1つ選び，記号で答えなさい。また，そのときの m の値も書きなさい。知　6点(各3点，完答)

$2(x-3)=10$
□(1)
$x-3=5$
□(2)
$x=5+3$
$x=8$

等式の性質
$A=B$ ならば，
㋐ $A+m=B+m$
㋑ $A-m=B-m$
㋒ $Am=Bm$
㋓ $\dfrac{A}{m}=\dfrac{B}{m}$ $(m\neq 0)$

点UP
3 次の方程式を解きなさい。知　27点(各3点)

□(1) $6x=48$　□(2) $-\dfrac{1}{3}x=2$　□(3) $x-3=5$

□(4) $2x+5=11$　□(5) $4x-9=2x+1$　□(6) $3(x-3)=-x+3$

□(7) $3.5x+1.6=0.3(9x-8)$　□(8) $\dfrac{x-3}{3}=\dfrac{x+1}{5}$　□(9) $\dfrac{1}{2}x-\dfrac{1}{3}=\dfrac{2}{3}x+\dfrac{5}{6}$

4 次の問いに答えなさい。知 考　15点(各5点)

□(1) x についての方程式　$3x+2a=4$　の解が -2 のとき，a の値を求めなさい。

□(2) 長さ2mのリボンを，姉が妹より20cm長くなるように分けました。妹のリボンの長さを求めなさい。

□(3) 何本かの鉛筆(えんぴつ)があります。これを何人かの子どもに分けるのに，1人に8本ずつ配ると6本あまり，9本ずつ配ると2本たりません。子どもの人数を求めなさい。

5 A地点とB地点の間を歩いて往復しました。行きは毎分80m，帰りは毎分60mの速さで歩き，往復で1時間10分かかりました。次の問いに答えなさい。知 考　10点(各5点)

□(1) A地点とB地点の間の道のりを xm として方程式をつくりなさい。

□(2) A地点とB地点の間の道のりを求めなさい。

❻ 姉は150枚，妹は60枚の折り紙を持っていました。姉が妹に何枚かあげたところ，姉の枚数は，妹の枚数の2倍より30枚少なくなりました。次の問いに答えなさい。知 考

10点(各5点)

□(1) 姉が妹にあげた折り紙の枚数を x 枚として，方程式をつくりなさい。

□(2) 姉が妹にあげた折り紙の枚数を求めなさい。

❼ 次の比例式を解きなさい。知

12点(各4点)

□(1) $x:12=3:4$ □(2) $4:\frac{1}{3}x=6:5$ □(3) $\frac{5}{2}:2=(x-3):4$

点UP **❽** 次の問いに答えなさい。考

16点(各8点)

□(1) 98枚のカードを兄と弟で分けるのに，兄と弟の枚数の比が4：3になるようにしたいと思います。兄の枚数は何枚にすればよいですか。

□(2) 高さが2mの棒の影(かげ)の長さを測ると，3.2mありました。このとき，影の長さが8mの木の高さを求めなさい。

❶	(1)		(2)	
❷	(1)	$m=$	(2)	$m=$
❸	(1)	(2)	(3)	
	(4)	(5)	(6)	
	(7)	(8)	(9)	
❹	(1)	(2)	(3)	
❺	(1)		(2)	
❻	(1)		(2)	
❼	(1)	(2)	(3)	
❽	(1)	(2)		

[解答▶p.13-14]

❶ ／4点 ❷ ／6点 ❸ ／27点 ❹ ／15点 ❺ ／10点 ❻ ／10点 ❼ ／12点 ❽ ／16点

Step 1 基本チェック　1 関数／2 比例

15分

教科書のたしかめ　[　]に入るものを答えよう！

1 関数　▶ 教 p.130-132　Step 2 ❶❷

解答欄

□ (1) 数直線上で右のように表された x の変域(へんいき)を不等号を使って表すと，-1[$<$]x[$\leqq$]5

(1) ／

□ (2) 「縦 $x$cm，横 12cm の長方形の面積が $y$cm^2 である。」このとき，y は x の関数(かんすう)であると[いえる]。

(2)

□ (3) 「面積が $x$cm^2 の平行四辺形の高さが $y$cm である。」このとき，y は x の関数であると[いえない]。

(3)

2 比例　▶ 教 p.133-143　Step 2 ❸-❽

□ (4) 1辺 $x$cm の正三角形の周の長さが $y$cm であるとき，y を x の式で表すと[$y=3x$]，比例定数(ひれいていすう)は[3]

(4) ／

□ (5) 比例の式 $y=\dfrac{x}{2}$ と $y=-3x$ で，それぞれの比例定数は[$\dfrac{1}{2}$]と[-3]

(5)

□ (6) y は x に比例し，$x=5$ のとき $y=3$ である。y を x の式で表すと[$y=\dfrac{3}{5}x$]で，$x=-15$ のときの y の値は，$y=$[-9]

(6) ／

□ (7) 右の図で，点 A の座標(ざひょう)は([3]，[2])

(7) ／

□ (8) 右の図の㋐は比例のグラフであり，点 A を通ることから，比例の式は $y=$[$\dfrac{2}{3}x$]

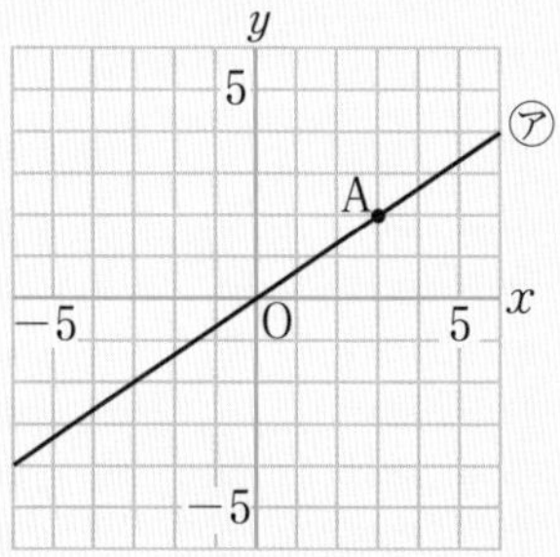

(8)

□ (9) $y=3x$ は，x の値が 2 のとき，y の値は[6]であるから，グラフは原点 (0，0) と点 (2，[6]) を通る直線である。

(9)

教科書のまとめ　＿＿に入るものを答えよう！

□ 数量の関係を表した式で，x，y のように，いろいろな値をとる文字を 変数 という。

□ 変数(へんすう)のとる値の範囲(はんい)を，その変数の 変域 という。

□ ともなって変わる2つの変数 x，y があって，x の値を決めると，それに対応する y の値がただ1つ決まるとき，y は x の 関数 であるという。

□ y が x の関数であり，変数 x，y の間に，$y=ax$ の関係が成り立つとき，y は x に 比例する という。ただし，a は 0 でない定数で，この a を 比例定数 という。

Step 2 予想問題 1 関数／2 比例

1ページ 30分

【関数①(数直線と変域)】

❶ 次の数直線上に表された x の変域を不等号を使って表しなさい。

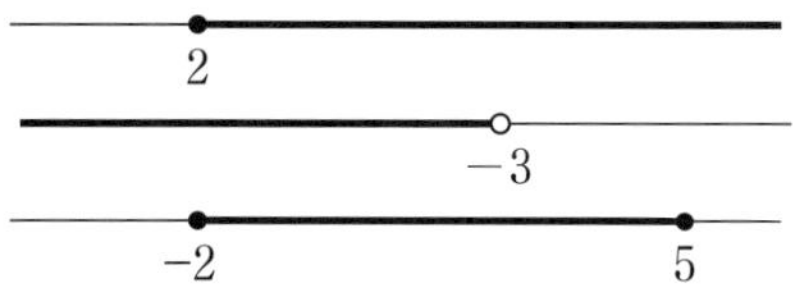

□(1) (　　　　)

□(2) (　　　　)

□(3) (　　　　)

【関数②】

よく出る

❷ 次の(1)～(3)で，y が x の関数であるといえるときには○を，いえないときには×を書きなさい。

□(1) 1日の昼の長さを x 時間としたときの夜の長さ y 時間 (　　)

□(2) 正三角形の1辺の長さを $x$cm としたときの周囲の長さ $y$cm (　　)

□(3) 長方形の面積を $x\text{cm}^2$ としたときの縦の長さ $y$cm (　　)

【比例と式①】

点UP

❸ 直方体の形をした深さ 120cm の空の水そうに，1分間に 5cm ずつ水位が増加するように水を入れています。現在の水位は 40cm です。次の問いに答えなさい。

□(1) 現在の水位を基準 0cm，x 分後の水位を $y$cm とするとき，次の表の㋐～㋓にあてはまる数を書きなさい。

x(分)	−7	…	−1	0	1	2	…	15
y(cm)	㋐(　　)	…	㋑(　　)	0	5	㋒(　　)	…	㋓(　　)

□(2) y を x の式で表しなさい。 (　　　　)

□(3) x の変域を不等号を使って表しなさい。 (　　　　)

□(4) x の値が増加すると y の値はどのように変化しますか。気づいたことを答えなさい。(　　　　)

【比例と式②】

よく出る

❹ □ 次の式で表すことができる関数のうち，y が x に比例するものはどれですか。また，そのときの比例定数をいいなさい。

㋐ $y=x+3$　㋑ $y=-2x$　㋒ $y=\dfrac{4}{x}$　㋓ $y=\dfrac{x}{3}$

(　　　　)

ヒント

❶ 変域を数直線上に表すとき，●はその数をふくむことを，○はその数をふくまないことを表します。

❷ y が x の関数であるときは，x の値を決めると，それに対応する y の値がただ1つ決まります。

❸ (1)－で表された時間は，「今から…前」を表しています。水位は負の符号を使って表します。
(4)(1)の表から，x の値が1増加すると y の値はどのように変化しているかなどを考えます。

❹ y が x に比例するときは，x が2倍，3倍，…になると，y も2倍，3倍，…になります。

4章

【比例と式③(比例の式を求める)】

よく出る

5 y が x に比例するとき，次のそれぞれの場合について，y を x の式で表しなさい。

□(1) $x=4$ のとき $y=12$　　(　　　　)

□(2) $x=2$ のとき $y=-8$　　(　　　　)

□(3) $x=3$ のとき $y=2$　　(　　　　)

□(4) $x=5$ のとき $y=-4$　　(　　　　)

【座標と比例のグラフ①】

よく出る

6 次の問いに答えなさい。

□(1) 右の図で，点 A，B，C，D の座標をいいなさい。

A(　　，　　)　B(　　，　　)

C(　　，　　)　D(　　，　　)

□(2) 次の点を，右の図にかき入れなさい。

P(1, 5)　　Q(−4, 1)

R(2, −3)　　S(3, 0)

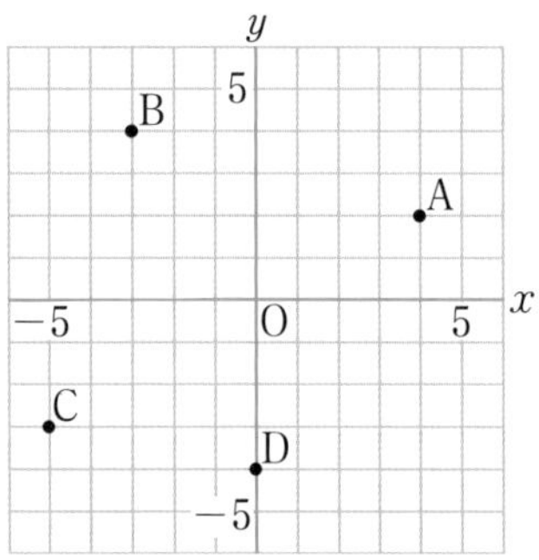

【座標と比例のグラフ②】

点UP

7 次の関数のグラフを右の図にかき入れなさい。

□(1) $y=2x$

□(2) $y=\frac{1}{3}x$

□(3) $y=-\frac{1}{2}x$

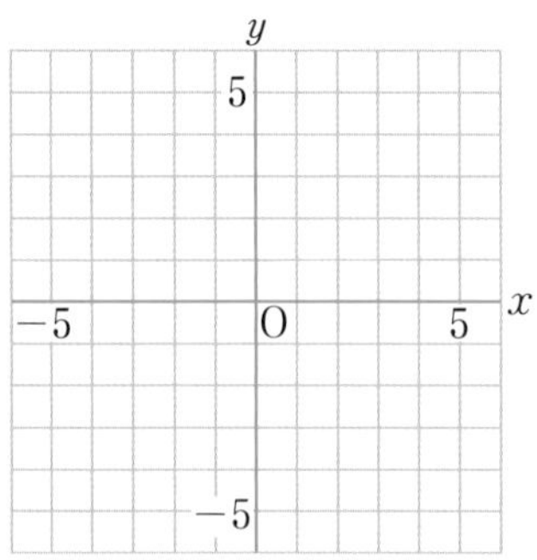

【座標と比例のグラフ③】

8 右の比例のグラフについて，次の問いに答えなさい。

□(1) 比例定数は正の数，負の数のどちらですか。

(　　　　)

□(2) このグラフが点 A を通ることを利用して比例定数を求め，y を x の式で表しなさい。

(　　　　)

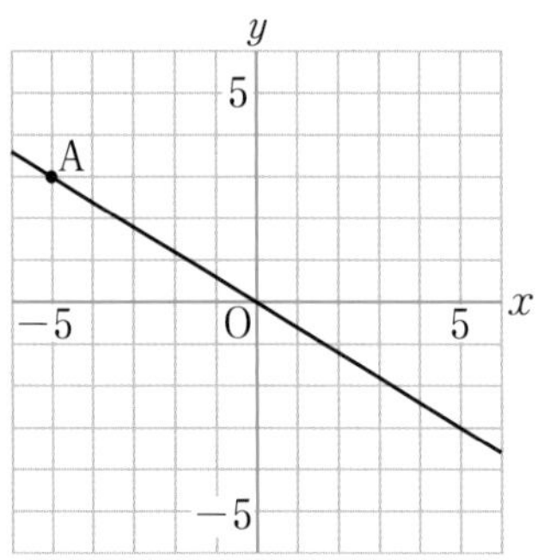

ヒント

5
y が x に比例するとき，$y=ax$ と表せます。この式に，x，y の値を代入して，a の値を求めます。

6
(1)各点から，x 軸，y 軸に垂直に引いた直線が，x 軸，y 軸と交わる点の目盛りの数値を読み取ります。

ミスに注意
x 軸上の点の y 座標，y 軸上の点の x 座標は，それぞれ 0 です。注意しましょう。

7
x 座標，y 座標がともに整数であるような通る1点を選んで，原点と結びましょう。
(1)点 (2, 4) を通る。
(2)点 (3, 1) を通る。
(3)点 (4, −2) を通る。

8
(2)点 A の座標は，(−5, 3)

[解答▶p.15-16]

Step 1 基本チェック　3 反比例／4 比例と反比例の利用

15分

教科書のたしかめ　[　]に入るものを答えよう！

解答欄

3 反比例　▶ 教 p.144-151　Step 2 ❶-❻

□(1) 面積が 24cm^2 の長方形の横の長さを $x$cm，縦の長さを $y$cm とする。表の空らんをうめなさい。

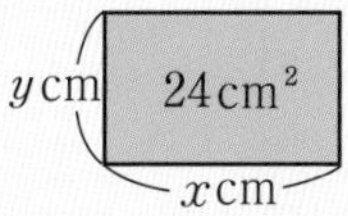

x	1	2	3	4	5	6
y	24	[12]	8	6	[$\frac{24}{5}$]	4

(1)

□(2) 上の表で，y を x の式で表すと，$y=$[$\frac{24}{x}$]となる。

(2)

□(3) ㋐ $y=2-x$，㋑ $y=3x$，㋒ $y=\frac{4}{x}$ のうち，y が x に反比例するのは[㋒]であり，そのときの比例定数は[4]である。

(3)

□(4) y が x に反比例して，$x=2$ のとき $y=3$ であるとき，y を x の式で表すと，$y=$[$\frac{6}{x}$]

(4)

□(5) 関数 $y=\frac{a}{x}$ で，x の値が増加するとき，y の値も増加するのは，a[＜]0 のときである。

(5)

4 比例と反比例の利用　▶ 教 p.152-159　Step 2 ❼❽

□(6) 図のようなてんびんで，支点の左側にねんどをつるして固定し，支点の右側にはおもりをつるし，おもりの重さと支点からの距離(きょり)を変えて，左右がつり合うようにする。おもりの重さを xg，支点からの距離を $y$cm とすると[xy]は一定である。

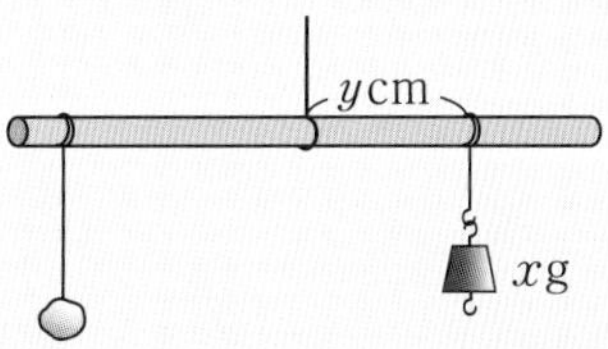

(6)

教科書のまとめ　＿＿に入るものを答えよう！

□ y が x の関数であり，変数 x，y の間に，$y=\frac{a}{x}$ の関係が成り立つとき，y は x に 反比例する という。ただし，a は 0 でない定数で，この a を 比例定数 という。

□ y が x に反比例するとき，x と y の積 xy は 一定 で，この値が 比例定数 に等しい。

□ **反比例のグラフ**　$y=\frac{a}{x}$ のグラフは，1 組の曲線で，このような曲線を 双曲線 という。

□ 身のまわりでみられる比例や反比例のことがらの例としては，針金の重さは，長さに 比例 し，左右がつり合ったてんびんでは，おもりの重さと支点からの距離は， 反比例 する。

Step 2 予想問題　3 反比例／4 比例と反比例の利用　1ページ 30分

【反比例と式①】

1 次の(1)～(3)について，y を x の式で表しなさい。また，y が x に反比例するときには○を，反比例しないときには×を書きなさい。

□(1) 18km の道のりを時速 $x$km で歩くと y 時間かかる。
（　　　　　　　）

□(2) 縦 8cm の長方形の横の長さを $x$cm とすると，長方形の面積は $y\text{cm}^2$ である。
（　　　　　　　）

□(3) 2L の水を x 等分したときの 1 つ分の量が yL である。
（　　　　　　　）

【反比例と式②】

よく出る

2 □ 次の式で表すことができる関数のうち，y が x に反比例するものはどれですか。また，そのときの比例定数をいいなさい。

㋐ $y=\frac{x}{8}$　㋑ $y=\frac{8}{x}$　㋒ $xy=-12$　㋓ $y=-\frac{3}{x}$

（　　　　　　　）

【反比例と式③】

よく出る

3 y が x に反比例するとき，次のそれぞれの場合について，y を x の式で表しなさい。

□(1) $x=3$ のとき $y=8$　□(2) $x=6$ のとき $y=-3$

（　　　　）（　　　　）

【反比例と式④】

4 面積 48cm^2，底辺 $x$cm の三角形の高さを $y$cm とするとき，次の問いに答えなさい。

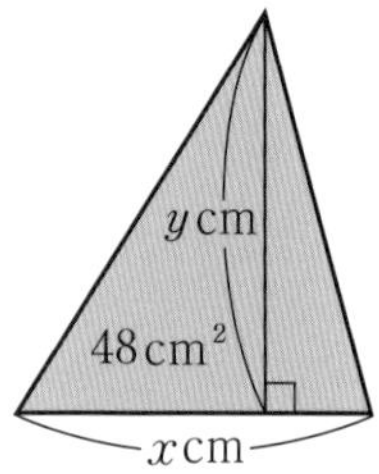

□(1) 下の表の㋐～㋕にあてはまる数を書きなさい。

x(cm)	…	4	5	6	8	10	12	16	…
y(cm)	…	24	㋐（　）	㋑（　）	㋒（　）	㋓（　）	㋔（　）	㋕（　）	…

□(2) y を x の式で表しなさい。（　　　　）

□(3) y は x に反比例するといえますか。（　　　　）

ヒント

1 ともなって変わる 2 つの数量 x と y が反比例するときは，x と y の積は一定になります。
(1) (道のり)＝(速さ)×(時間)

2 テスト得ダネ
$y=\frac{a}{x}$ は $y=a\times\frac{1}{x}$ と表せます。これは，y が x の逆数に比例していることを表しているので，a を比例定数といいます。

3 y が x に反比例するとき，$y=\frac{a}{x}$ と表せます。この式に，x，y の値を代入して，a の値を求めます。

4 (三角形の面積)＝(底辺)×(高さ)÷2

［解答▶p.16］

【反比例のグラフ①】

5 右の図は反比例のグラフです。次の問いに答えなさい。

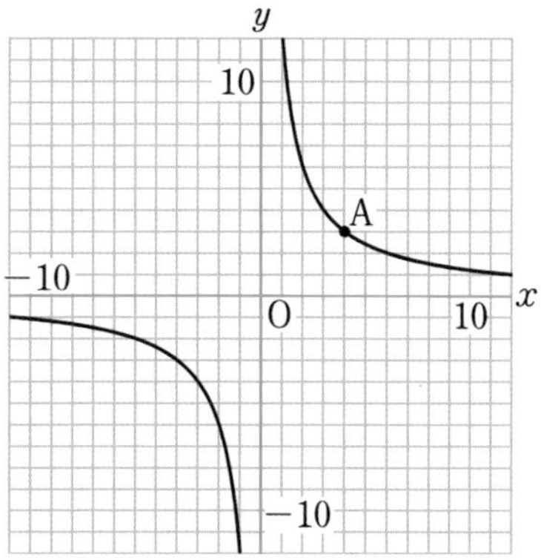

□(1) 点Aの座標をいいなさい。

A（　　，　　）

□(2) この反比例のグラフから比例定数を求め，y を x の式で表しなさい。

（　　　　）

【反比例のグラフ②】

よく出る

6 次の反比例のグラフをかき入れなさい。

□(1) $y=\dfrac{4}{x}$

□(2) $y=-\dfrac{12}{x}$

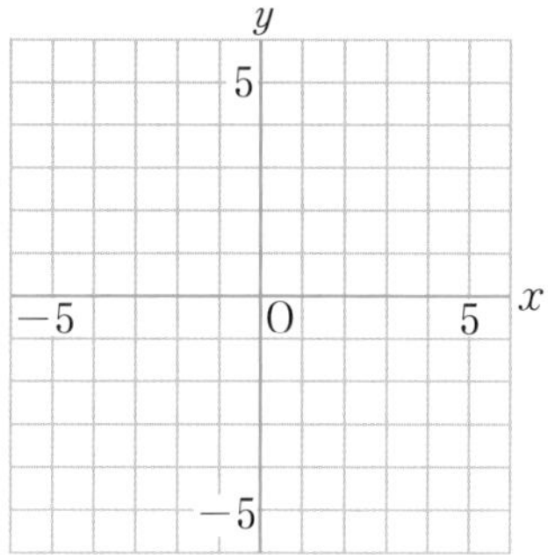

【比例と反比例の利用①】

点UP

7 長さ 4m の針金の重さを量ると 64g でした。次の問いに答えなさい。

□(1) この針金の長さを xm，重さを yg とするとき，y を x の式で表しなさい。（　　　　）

□(2) この針金からある長さを切り取って，重さを量ると 48g でした。このときの針金の長さは何 m ですか。（　　　　）

【比例と反比例の利用②】

8 右の図のようなてんびんがあり，支点より左にはねんどをつるして固定してあります。支点より右 20cm のところに 30g のおもりをつるしたとき，左右がつり合いました。次の問いに答えなさい。

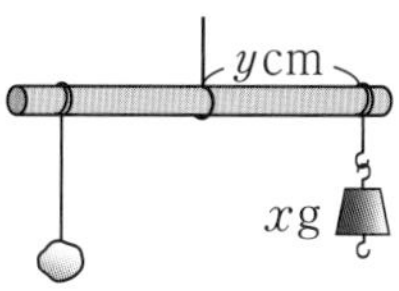

□(1) xg のおもりを支点より右 $y$cm の距離につるしたとき左右がつり合うものとして，y を x の式で表しなさい。（　　　　）

□(2) おもりを 50g にしたとき，支点から何 cm の距離でつり合いますか。（　　　　）

□(3) おもりの代わりに別のねんどを支点から 25cm の距離につるしたとき，つり合いました。このねんどの重さは何 g ですか。

（　　　　）

ヒント

5

(2)点Aの x 座標，y 座標の値を $y=\dfrac{a}{x}$ に代入して，a の値を求めます。

テスト得ダネ

反比例のグラフの問題では読み取りの出題が多いです。点の座標を読み取って反比例の式をつくれるようにしましょう。

6

ミスに注意

通る点をできるだけ多くとり，それらをなめらかな曲線で結びましょう。

7

針金の長さと重さは比例します。

(1)$y=ax$ の式に，x と y の値を代入して，a の値を求めます。

8

(1)てんびんの左右がつり合っているときには，つるしたおもりの重さと支点からの距離の積が一定になります。

4章

Step 3 予想テスト

4章 比例と反比例

30分　/100点　目標 80点

❶ 次の(1)〜(4)で，y が x に比例するときには○を，反比例するときには△を，比例も反比例もしないときには×を書きなさい。知　12点(各3点)

□(1) 分速 70m で x 分間歩いたときの道のり ym

□(2) 長さ 5m のリボンを x 等分したときの 1 本分の長さ ym

□(3) まわりの長さが 30cm の長方形の縦を $x$cm としたときの横の長さ $y$cm

□(4) 1 個 200 円のケーキを x 個買って，50 円の箱に入れてもらったときの代金の合計 y 円

❷ 次の(1)，(2)の関数について，y を x の式で表しなさい。知　8点(各4点)

□(1) y は x に比例し，$x=3$ のとき $y=6$

□(2) y は x に反比例し，$x=2$ のとき $y=-8$

❸ 次の図の㋐〜㋓は，比例や反比例のグラフです。次の問いに答えなさい。知 考　30点(各3点)

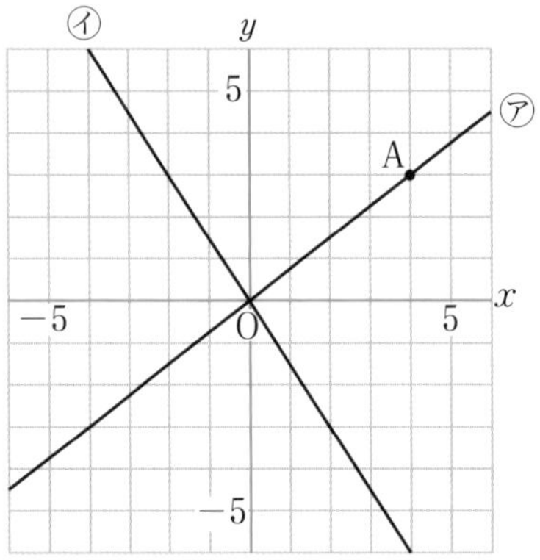

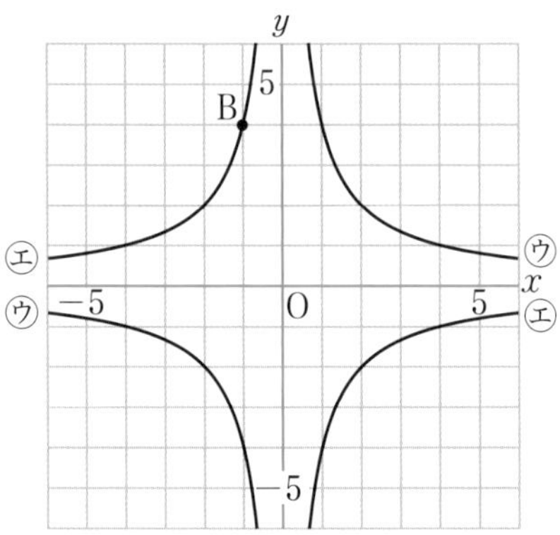

□(1) グラフ上の点 A，B の座標をいいなさい。

□(2) ㋐〜㋓の関数について，y を x の式で表しなさい。

□(3) ㋐〜㋓で，$x=8$ のときの y の値を求めなさい。

得点UP

❹ 50 g のおもりをつるすと 3 cm のびるばねがあります。ばねののびはおもりの重さに比例するものとして，次の問いに答えなさい。考　12点(各4点)

□(1) xg のおもりをつるしたときののびを $y$cm として，y を x の式で表しなさい。

□(2) このばねにおもりをつるすと 7.2cm のびました。何 g のおもりをつるしましたか。

□(3) x の変域が $0 \leqq x \leqq 200$ のとき，y の変域を求めなさい。

❺ 右の図のように面積 $20\,\text{cm}^2$ のひし形の対角線の長さを $x\,\text{cm}$，$y\,\text{cm}$ とします。次の問いに答えなさい。知　10点(各5点)

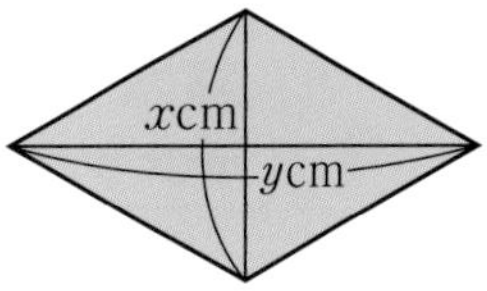

□(1)　y を x の式で表しなさい。

□(2)　$x=5$ のとき，y の値を求めなさい。

❻ 歯の数が 30 の歯車 A に，歯車 B と歯車 C がかみ合っており，歯車 A が 4 回転したとき，かみ合っている歯の数 x の歯車の回転数を y とします。次の問いに答えなさい。考　12点(各4点)

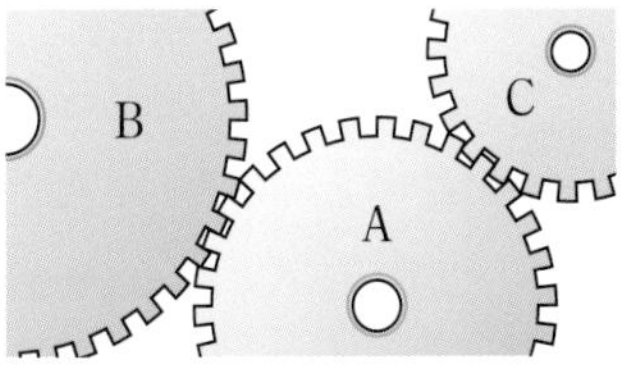

□(1)　y を x の式で表しなさい。

□(2)　歯車 B の歯の数は 40 です。歯車 A が 4 回転すると歯車 B は何回転しますか。

□(3)　歯車 A が 4 回転すると歯車 C は 5 回転します。歯車 C の歯の数を求めなさい。

点UP

❼ 右の図のような直角三角形 ABC があります。点 P は，秒速 4cm で A から C まで動きます。点 P が A を出発してから x 秒後の三角形 ABP の面積を $y\,\text{cm}^2$ として，次の問いに答えなさい。考　16点(各4点)

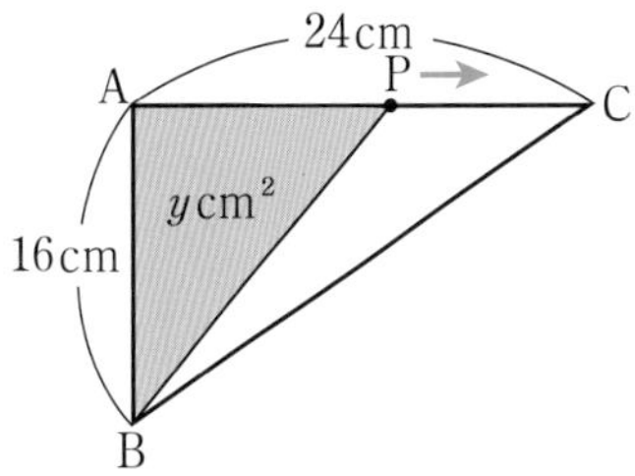

□(1)　y を x の式で表しなさい。

□(2)　三角形 ABP の面積が $64\,\text{cm}^2$ になるのは，点 P が A を出発してから何秒後ですか。

□(3)　x の変域を求めなさい。

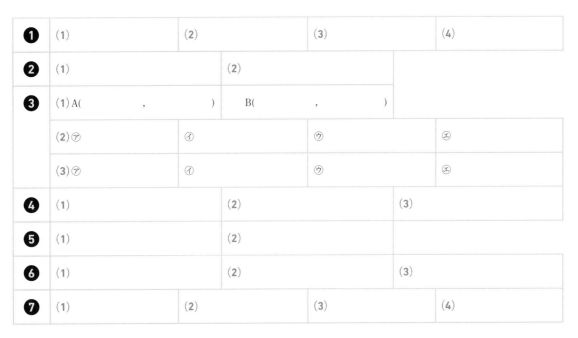

□(4)　y の変域を求めなさい。

4章

❶	(1)	(2)	(3)	(4)
❷	(1)	(2)		
❸	(1) A(　　,　　)	B(　　,　　)		
	(2)㋐	㋑	㋒	㋓
	(3)㋐	㋑	㋒	㋓
❹	(1)	(2)	(3)	
❺	(1)	(2)		
❻	(1)	(2)	(3)	
❼	(1)	(2)	(3)	(4)

Step 1 基本チェック 1 いろいろな角の作図①

15分

教科書のたしかめ [ ]に入るものを答えよう！

❶ 90°の角の作図

▶ 教 p.168-173 Step 2 ❶-❹

解答欄

□(1) 点Aと点Bを結ぶ線のうち，線分ABの長さがもっとも短くなる。このとき，線分ABの長さを，2点A，B間の[距離]という。

□(2) 2直線ℓ，mが垂直であることを記号[⊥]を使って表すと，[$\ell \perp m$]

□(3) 2直線が垂直であるとき，一方を他方の[垂線]という。

□(4) 線分の両端からの距離が等しい線分上の点を，その線分の[中点]という。線分の[中点]を通り，その線分に垂直な直線を，その線分の[垂直二等分線]という。

□(5) 垂直二等分線の作図

① 点Aを中心として，適当な大きさの半径の[円]をかく。

② 点Bを中心として，(1)と[等しい]半径の円をかき，それらの交点をP，Qとする。

③ 直線[PQ]を引く。

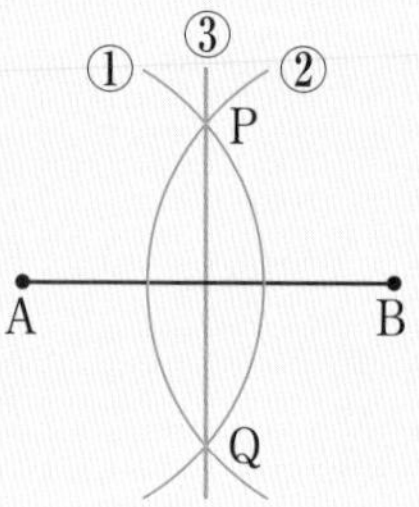

□(6) 垂線の作図(点Pから直線ℓに垂線を引く作図)

① Pを中心として，直線ℓと2点で交わる円をかき，2つの交点をA，Bとする。

② A，Bを中心として等しい[半径]の円をかき，その交点をQとする。

③ PとQを通る直線を引くと，PQ[⊥]AB

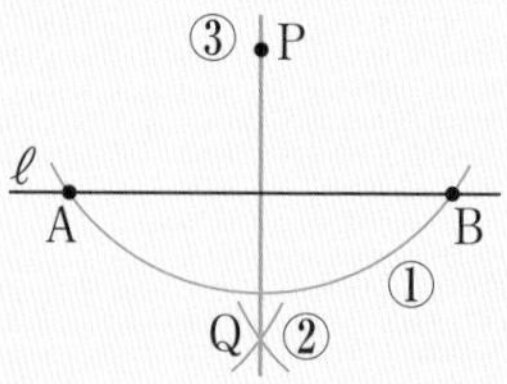

(1)
(2)
(3)
(4)
(5)
(6)

教科書のまとめ ___ に入るものを答えよう！

□ 2点A，Bを通る直線を 直線AB という。このうち，点Aから点Bまでの部分を 線分AB，点Aを端として点Bの方向に限りなくのびているまっすぐな線を 半直線AB という。

□ 2つの線が交わる点を 交点 という。

□ 2直線が交わってできる角が直角であるとき，2直線は 垂直 であるという。

□ 定規とコンパスだけを使って図をかくことを， 作図 という。

□ 線分ABの垂直二等分線は，線分ABの 対称の軸 であり，線分ABの垂直二等分線上の点は，線分ABの両端の点A，Bから 等しい距離 にある。

Step 2 予想問題 1 いろいろな角の作図①

1ページ 30分

【90°の角の作図①（垂線の作図①）】

よく出る

❶ 次の作図をしなさい。

□(1) 点Pを通る直線ℓの垂線

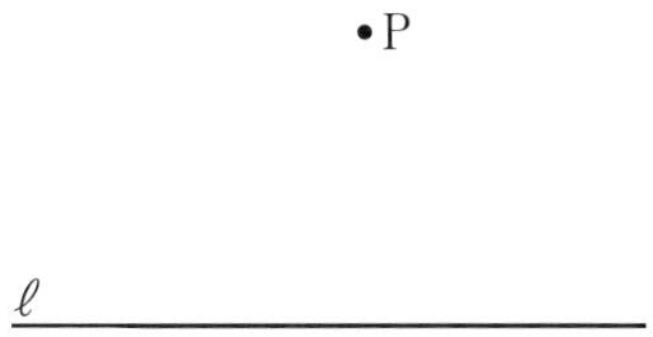

□(2) 線分ABの垂直二等分線ℓと，線分ABの中点M

【90°の角の作図②（垂線の作図②）】

❷ 右の図の三角形ABCで，頂点Aを辺BC上の点Pと重ねるように折ったときの，折り目となる線分を作図しなさい。
□

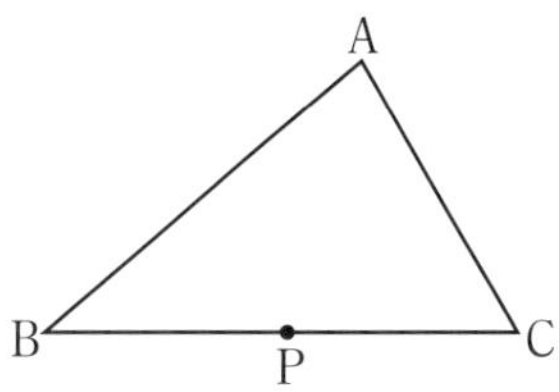

【90°の角の作図③（垂直二等分線）】

❸ 右の図の三角形ABCで，辺BCの垂直二等分線を作図しなさい。
□

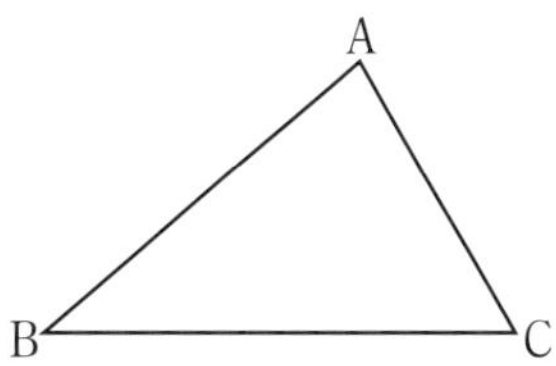

【90°の角の作図④（垂線の作図③）】

点UP

❹ 右の図の三角形ABCで，頂点Bから辺ACに引いた垂線を作図しなさい。
□

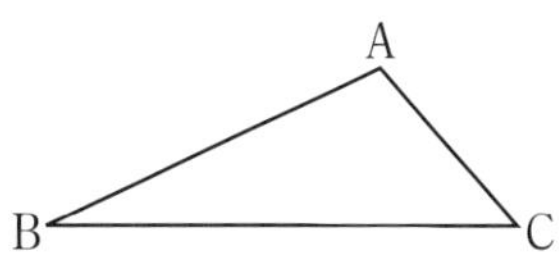

ヒント

❶
作図の問題では，作図に使った線は消さないで残しておきましょう。
(1) Pから等しい距離にあるℓ上の2点を求め，その2点から等しい距離にある点（Pをのぞく）を作図します。
(2) A，Bから等しい距離にある点を2つ作図します。

❷
折り目は重なり合う2つの点を結んだ線分の垂直二等分線です。

テスト得ダネ
基本の作図はよく出題されます。コンパスと定規を使って，正確に作図できるようにしましょう。

❸
どの点を中心として，コンパスを使うかを考えます。

❹
点Bを通る辺ACの垂線の作図です。
辺ACを点Aの方向にのばして考えてみましょう。

5章

Step 1 基本チェック　1 いろいろな角の作図②

15分

教科書のたしかめ　[　]に入るものを答えよう！

❷ 60°，30°の角の作図

▶ 教 p.174-176　Step 2 ❶❷

解答欄

□(1) 半直線（はんちょくせん）OA，OB がつくる角を記号[∠]を使って表すと，[∠AOB]

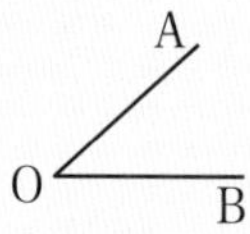

(1)

□(2) 角の二等分線の作図(∠XOY の二等分線の作図)

① O を中心として，適当な半径の円をかき，OX，OY との交点を P，Q とする。

② P，Q を中心として，等しい[半径]の円をかき，この 2 円の交点を R とする。

③ R と O を結ぶと，∠XOR＝[∠YOR]

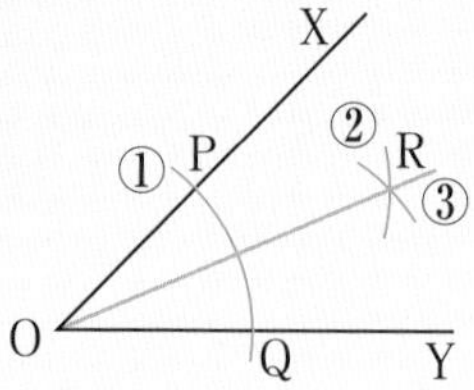

(2)

❸ 作図の利用

▶ 教 p.177-182　Step 2 ❸❹

□(3) 平行な直線の作図(直線 ℓ に平行な直線の作図)

① 直線 ℓ 上に適当な点 A，B をとり，A を中心として，半径[AB]の円をかき，その円周上に適当な点 P をとる。

② 点 P，B を中心として，半径[AB]の円をかき，A と異なる交点を Q とする。

③ P，Q を通る直線を引く。

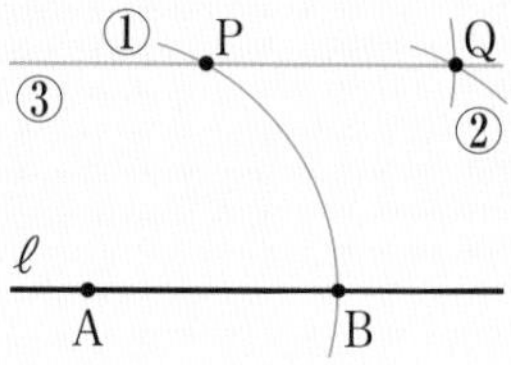

(3)

□(4) 2 直線 ℓ, m が平行であることを記号[∥]を使って表すと，[$\ell /\!/ m$]　(4)

□(5) 三角形 ABC を記号[△]を使って表すと，[△ABC]　(5)

□(6) 右の図で，$\ell /\!/ m$ のとき，

△ABC と[△DBC]の面積は等しい。

△ABD と[△ACD]の面積は等しい。

△OAB と[△ODC]の面積は等しい。

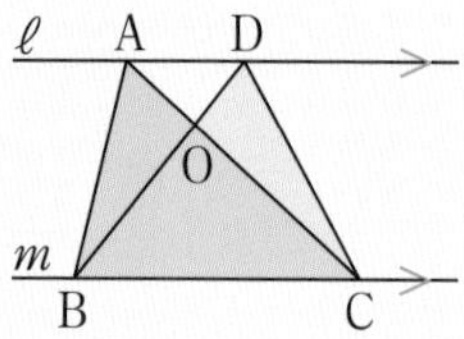

(6)

教科書のまとめ　＿＿に入るものを答えよう！

□右の図で，∠AOP＝∠BOP である。このような，角を 2 等分する半直線を 角の二等分線 といい，この半直線上の点は，角の 2 辺から 等しい距離 にある。

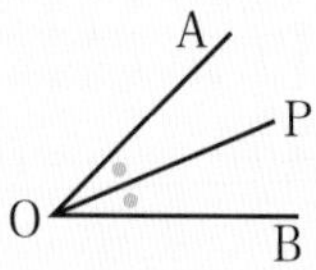

□平面上の 2 直線が交わらないとき，2 直線は 平行 であるという。

□円と直線が 1 点だけ共有するとき，円と直線は 接する といい，共有する点を 接点，その直線を 接線 という。

□円周の一部分を 弧 といい，円周上の 2 点を結ぶ線分を 弦 という。

□円の接線（せっせん）　円の接線は， 接点 を通る 半径 に 垂直 である。右の図で， $\ell \perp OT$

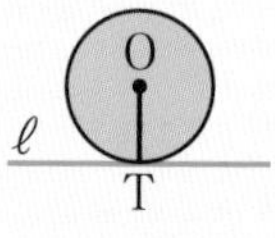

Step 2 予想問題 1 いろいろな角の作図②

1ページ 30分

【60°，30°の角の作図①(角の二等分線の作図)】

よく出る

❶ 次の作図をしなさい。

□(1) ∠AOB の二等分線　　□(2) ∠AOB を 4 等分

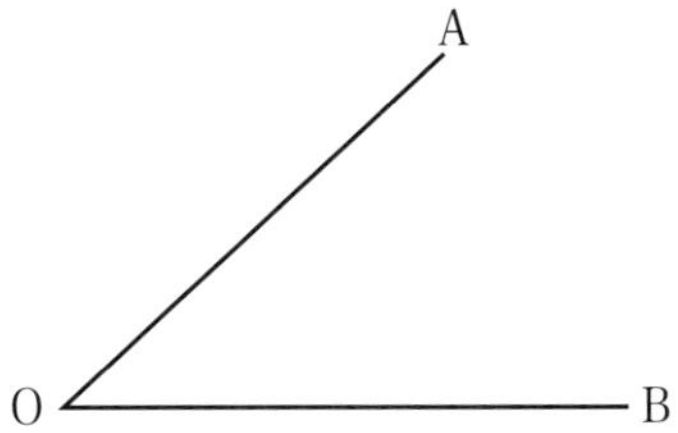

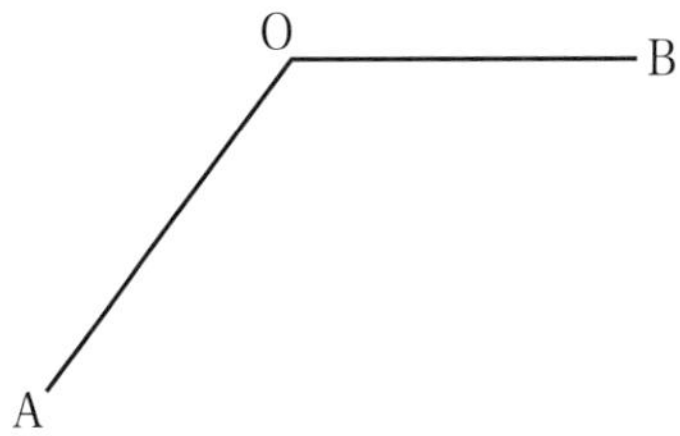

【60°，30°の角の作図②】

❷ 右の図で，線分 AB を 1 辺とする正三角形を作図しなさい。また，その正三角形を利用して，30°の角を作図しなさい。
□

【作図の利用①(平行線と面積)】

点UP

❸ 右の図の平行四辺形 ABCD で，E は辺 AD の中点，O は AC と BE の交点です。△CDE と面積の等しい三角形をすべていいなさい。
□

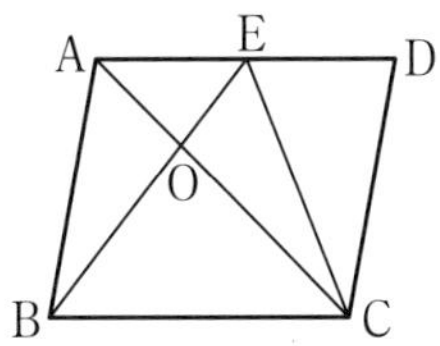

(　　　　　　　　　　)

【作図の利用②(円と直線)】

❹ 右の図は，円 O に直線 ℓ，m，n をひき，その交点を点 A，B，C とし，直線 n 上に点 D をとったものです。

□(1) 円 O の接線はどれですか。(　　　　　)

□(2) ∠ACD の大きさを答えなさい。

(　　　　　)

□(3) 弦 BC と弦 AC では，どちらの方が長いですか。

(　　　　　)

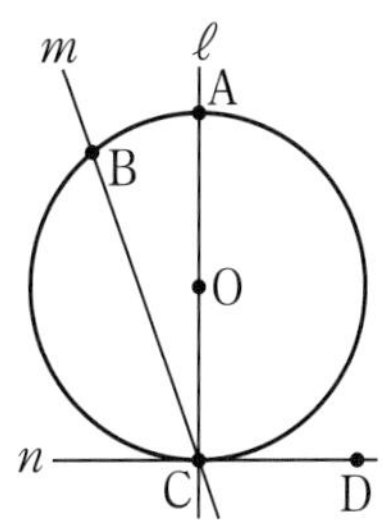

ヒント

❶
作図の問題では，作図に使った線は消さないで残しておきましょう。
(1)OC＝OD となる OA 上の点 C，OB 上の点 D をとり，C，D から等しい距離にある点を作図します。
(2)まず，∠AOB を 2 等分します。

❷
正三角形の 1 つの角が 60°なので，30°の角は，正三角形の 1 つの角の二等分線を作図します。

❸
△CDE の底辺と高さの等しい三角形を見つけます。E が辺 AD の中点であることに着目しましょう。

❹
(2)円の接線は，接点を通る半径に垂直です。
(3)弦 AC は，直径と等しくなっています。

5章

Step 1 基本チェック 2 図形の移動

15分

教科書のたしかめ ［ ］に入るものを答えよう！

❶ 図形の移動 ▶ 教 p.185-188 Step 2 ❶-❹

▶ 教 p.185-188 Step 2 ❶-❹

解答欄

□(1) 右の図の △A′B′C′ は，△ABC を矢印の方向に矢印の長さだけ［ 平行 ］移動させたものである。このとき，
AA′［ // ］BB′［ // ］CC′
AA′［ ＝ ］BB′［ ＝ ］CC′

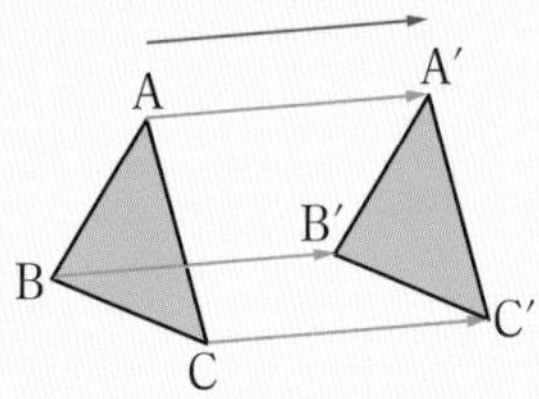

□(2) 右の図の △A′B′C′ は，△ABC を，点 O を中心として［ 回転 ］移動させたものである。このとき，点 O を［ 回転の中心 ］という。
また，OA＝［ OA′ ］
∠AOA′ と大きさが等しい角は，［ ∠BOB′ ］と［ ∠COC′ ］

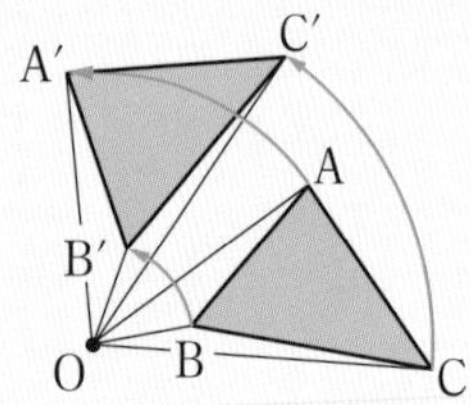

□(3) ［ 回転 ］移動のうち，右の図のように，1 つの点を中心として 180° 回転させる移動を，［ 点対称移動 ］という。

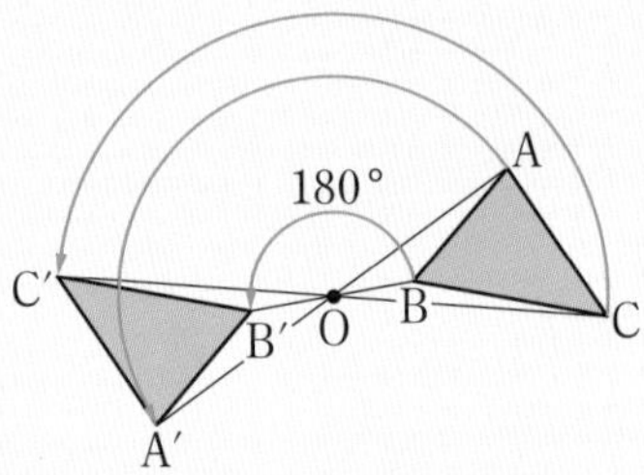

□(4) 右の図の △A′B′C′ は，△ABC を直線 ℓ を対称の軸として対称移動させたものである。このとき，
AA′⊥［ ℓ ］
AP＝［ A′P ］

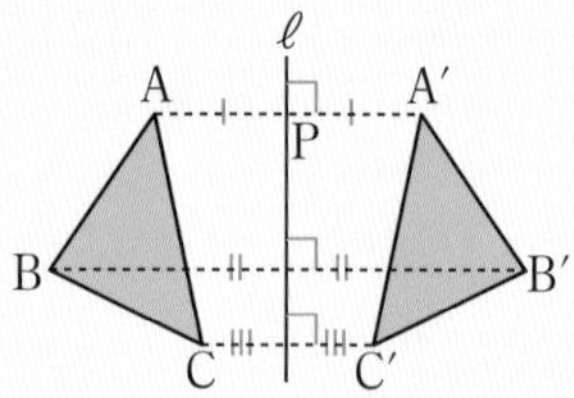

(1)
/
/

(2)

(3)

(4)

教科書のまとめ ＿＿ に入るものを答えよう！

□ 図形の形や大きさを変えずに，図形の位置だけを変えることを，図形の 移動 という。

□ 図形を，一定の方向に一定の距離（きょり）だけずらす移動を 平行移動 という。

□ 図形を，1 つの点を中心として一定の角度だけ回転させる移動を 回転移動 といい，中心とした点を 回転の中心 という。

□ 図形を，1 つの直線を折り目として折り返す移動を 対称移動 といい，折り目とした直線を 対称の軸 という。

Step 2 予想問題 2 図形の移動

1ページ 30分

【図形の移動①(平行移動)】

❶ 右の図について，次の問いに答えなさい。

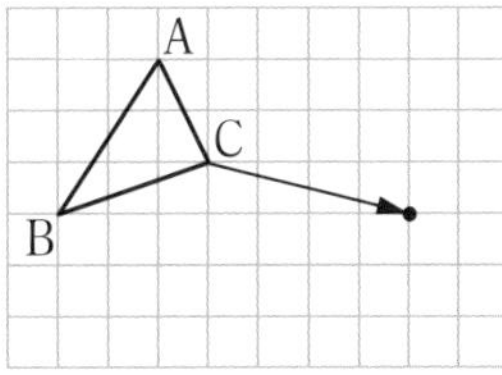

□(1) △ABC を，矢印の方向に矢印の長さだけ平行移動した△DEF をかきなさい。

□(2) 辺 AB と辺 DE の間にはどのような関係がありますか。記号を使って2つ書きなさい。（　　　）

ヒント

❶ (1)矢印が，縦方向のどの向きに何目盛り分，横方向のどの向きに何目盛り分動いているかを読み取ります。

【図形の移動②(回転移動)】

よく出る

❷ 右の図について，次の問いに答えなさい。

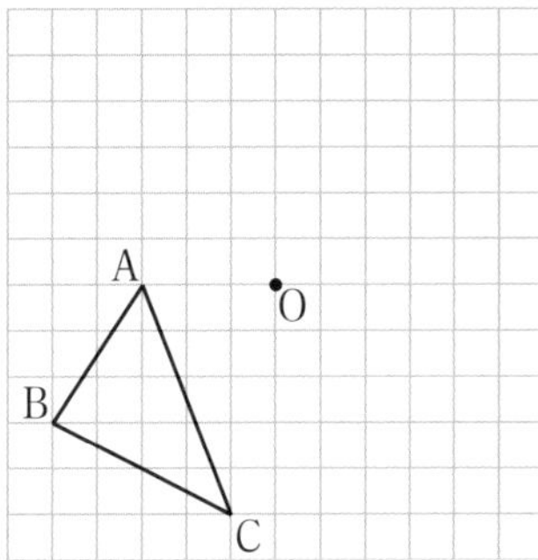

□(1) △ABC を，点 O を回転の中心として，時計回りの方向に 90°回転移動した△DEF をかきなさい。

□(2) △ABC を，点 O を回転の中心として，点対称移動した△GHI をかきなさい。

❷ (1) OA⊥OD, OA＝OD となるように，点 D をとります。点 E, F についても同様です。
(2)直線 AO 上に OA＝OG となるように，点 G をとります。点 H, I についても同様です。

【図形の移動③(対称移動)】

よく出る

❸ 右の図について，次の問いに答えなさい。

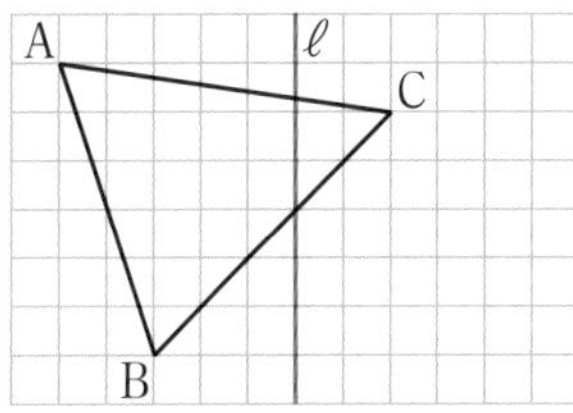

□(1) △ABC を，直線 ℓ を対称の軸として対称移動した△DEF をかきなさい。

□(2) 直線 ℓ は，線分 AD の何になっていますか。ことばで書きなさい。

（　　　）

❸ (1)点 A は，直線 ℓ から左へ5目盛り分の位置にあります。
➡点 D は，直線 ℓ から右へ5目盛り分の位置にあります。点 E, F についても同じように考えます。

【図形の移動④】

点UP

❹ 右の図で，P，Q，R，S は長方形 ABCD の各辺の中点です。次の問いに答えなさい。

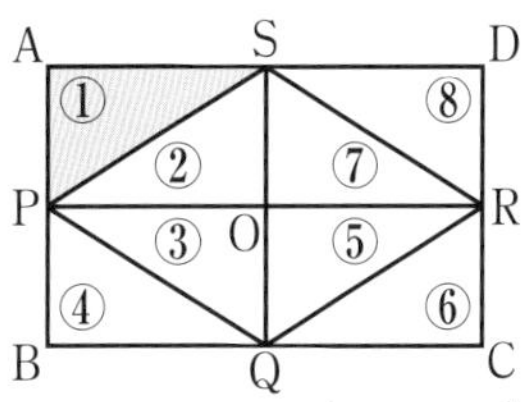

□(1) ①を，直線 PR を対称の軸として対称移動したとき，重なる図形はどれですか。

（　　　）

□(2) ①を，点 O を回転の中心として点対称移動し，さらに直線 PR を対称の軸として対称移動したとき，重なる図形はどれですか。

（　　　）

❹ 対称移動や点対称移動で，各点がどこに移動するかを考えます。

Step 3 予想テスト　5章 平面図形

30分　／100点　目標 80点

1 次の問いに答えなさい。知　20点(各5点)

□(1) 右の図①のように，点Pを端(はし)として点Qの方向に限りなくまっすぐにのびている線を，何といいますか。

図①
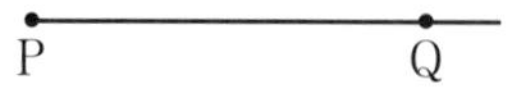

□(2) 右の図②のように，平面上の2つの直線ℓ，mが交わらないとき，2つの直線の関係を記号を使って表しなさい。

図②

□(3) 右の図③で，直線ℓは点Pで円Oに接しています。このとき，直線ℓと半径OPの関係を記号を使って表しなさい。

□(4) 右の図③で，太い線で示された円周の一部分を記号を使って表しなさい。

図③
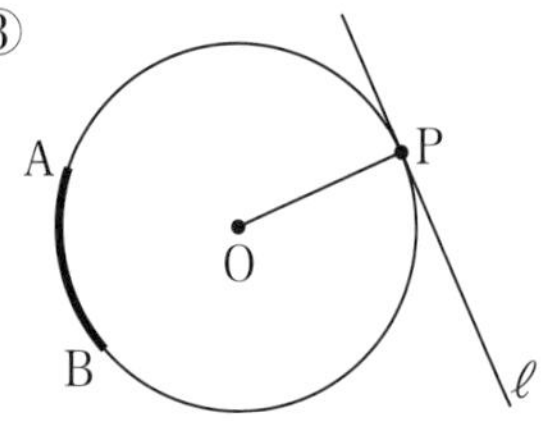

2 次の作図を解答欄の図にしなさい。知　48点(各12点)

□(1) 直線ℓ上の点Pを通る垂線

□(2) 2点A，Bから等しい距離(きょり)にある直線ℓ上の点P

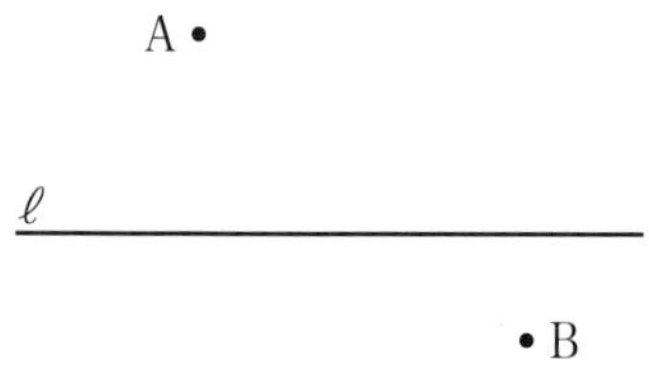

□(3) 円周上の点Pを通る円Oの接線

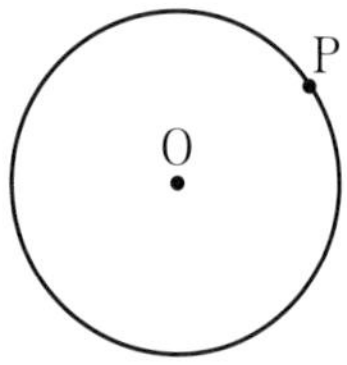

□(4) 円の中心O(ただし，曲線ABは円周の一部)

3 (点UP)

□ 右の図で，対角線ACを利用して，四角形ABCDと面積の等しい三角形を解答欄の図に作図しなさい。知　14点

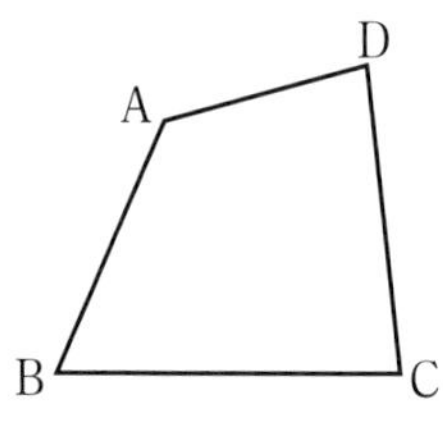

得点UP

4 右の図のように，正六角形 ABCDEF を 12 個の合同な直角三角形に分けました。次の問いに答えなさい。知 考

18 点(各 6 点，(3)完答)

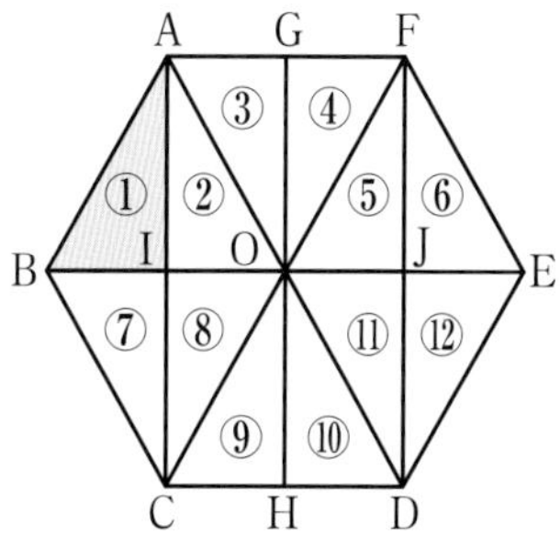

□(1) ① を，直線 GH を対称の軸として対称移動したとき，重なる図形はどれですか。

□(2) ① を，点 O を回転の中心として点対称移動し，さらに直線 BE を対称の軸として対称移動したとき，重なる図形はどれですか。

□(3) ① を，2 回の移動で ⑩ に重ねるための移動の方法を，例にならって 1 つ書きなさい。

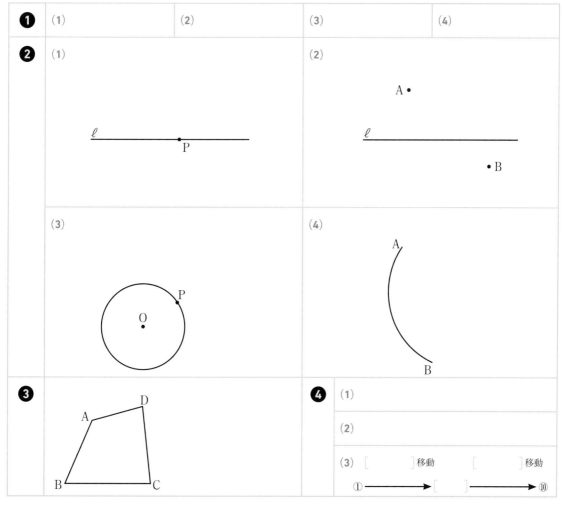

例　① —対称移動→ ② —平行移動→ ⑥

5章

1 (1)　(2)　(3)　(4)

2 (1)

(2)

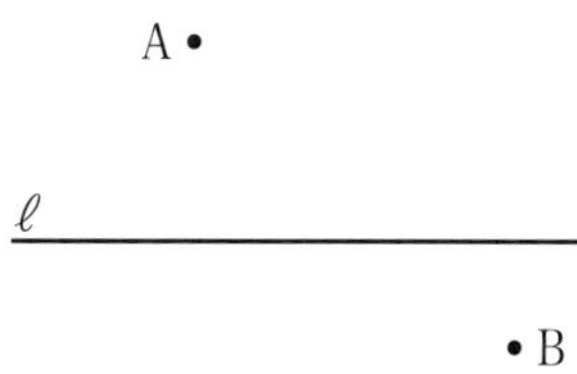

(3)

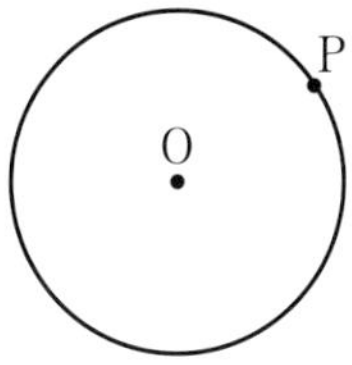

(4)

3

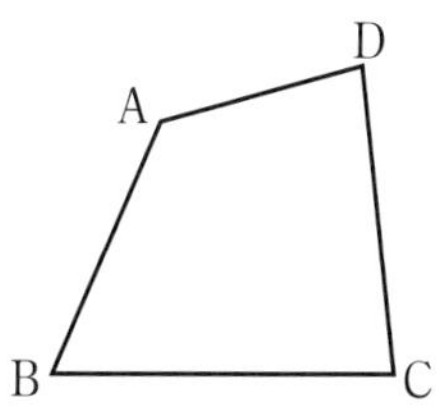

4 (1)

(2)

(3) ① —[　　　]移動→ [　　] —[　　　]移動→ ⑩

Step 1 基本チェック 1 空間図形の見方

15分

教科書のたしかめ [ ]に入るものを答えよう！

❶ いろいろな立体 ▶教 p.196-200 Step 2 ❶-❸

解答欄

□(1) 角柱の２つの底面は[合同]な多角形で，側面は[長方形]である。

□(2) 角錐(かくすい)の底面は[1]つの多角形で，側面は[三角形]である。

□(3) 右の投影図(とうえいず)は，
㋐[三角柱]，㋑[円錐]，
㋒[球]

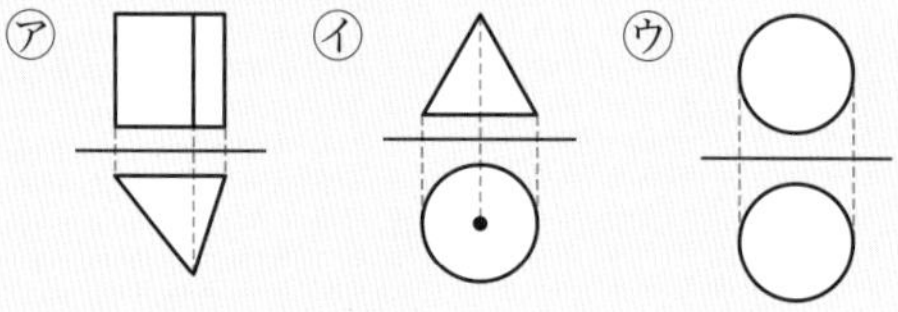

□(4) 正多面体には，正四面体，正六面体(立方体)，正[八]面体，正十二面体，正[二十]面体の[5]種類がある。

□(5) 正多面体で，面の数がもっとも多いのは正[二十]面体である。

解答欄：(1) ／ (2) ／ (3) ／ (4) ／ (5)

❷ 直線や平面の位置関係 ▶教 p.201-206 Step 2 ❹

□(6) 右の直方体で，辺 AB とねじれの位置にある辺は，辺[EH，FG，CG，DH]

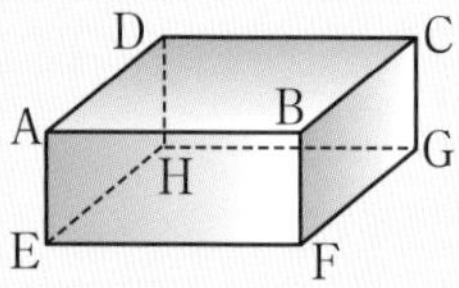

□(7) 直線 ℓ と平面 P が垂直であることを記号を使って表すと[$\ell \perp$ P]

□(8) 2 平面 P，Q が平行であることを記号を使って表すと，[P // Q]

解答欄：(6) (7) (8)

❸ 面が動いてできる立体 ▶教 p.207-208 Step 2 ❺❻

□(9) 長方形，直角三角形を，直線 ℓ を軸として１回転してできる立体は，それぞれ，[円柱]，[円錐]

解答欄：(9) ／

❹ 立体の展開図 ▶教 p.209-210 Step 2 ❼

□(10) 右の展開図は，正四角錐の側面の辺[OC]にそって切り開いたものである。

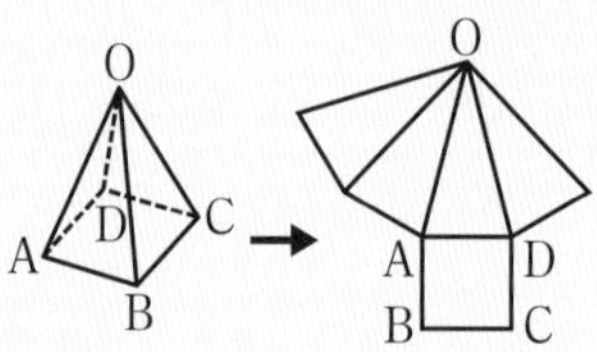

解答欄：(10)

教科書のまとめ ＿＿に入るものを答えよう！

□立体を正面と真上から見て表した図を 投影図 といい，立体を正面から見てかいた図を 立面図，真上から見てかいた図を 平面図 という。

□空間内で，2 直線が平行でもなく，交わりもしないときは， ねじれの位置 にあるという。

□２つの半径と弧(こ)で囲まれた図形を おうぎ形 という。

□おうぎ形(がた)で２つの半径のつくる角を 中心角 という。

Step 2 予想問題 1 空間図形の見方

1ページ 30分

【いろいろな立体①】

❶ 次の面で囲まれる立体の名称を書きなさい。

□(1) 正方形１つと二等辺三角形４つ

（　　　　　）

□(2) 三角形２つと長方形３つ

（　　　　　）

□(3) 正三角形４つ（三角錐以外の立体）

（　　　　　）

【いろいろな立体②（立体の投影図①）】

❷ 次の投影図は，どんな立体を表していますか。その名称を書きなさい。

□(1)

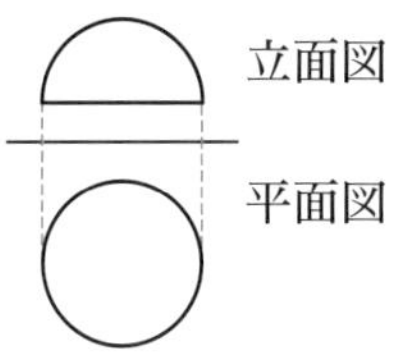

（　　　　　）

□(2)

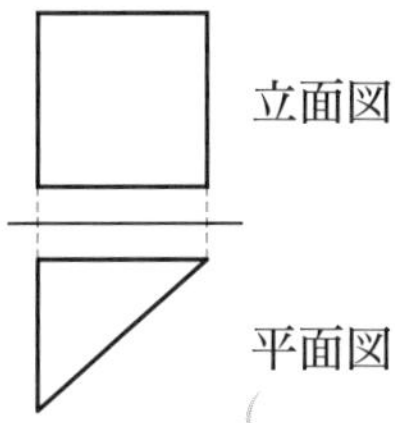

（　　　　　）

【いろいろな立体③（立体の投影図②）】

点UP

❸ □ 次の図形を，直線 ℓ を軸として１回転してできる立体の見取図と投影図をかきなさい。ただし，投影図は，下の図形の寸法をそのまま使って作図しなさい。

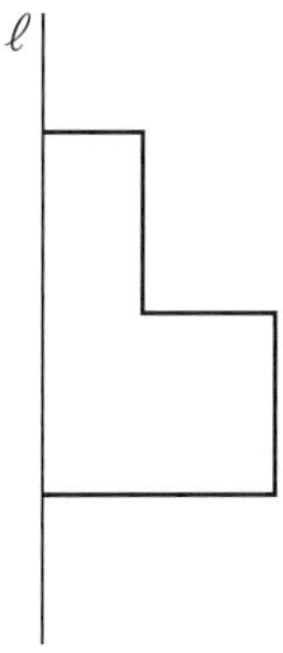

（見取図）

（投影図）

ヒント

❶ 側面の形や数に着目します。側面の形は，角柱では長方形，角錐では三角形です。

❷ 平面図の図形が何を表しているかに着目し，平面図と立面図から，どの位置に，どのように置いているかを考えます。

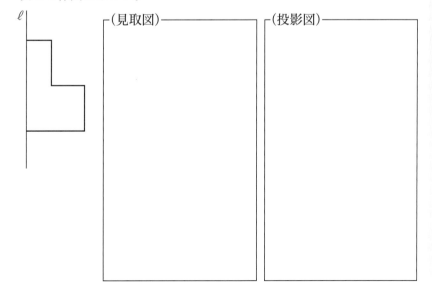

❸ 投影図：区切りの直線の上側には，正面から見た図（立面図）をかきます。下側には，真上から見た図（平面図）をかきます。見える線は実線でかき，立面図と平面図で対応する点は，点線で結びます。

6章

【直線や平面の位置関係】

よく出る

❹ 平行な2平面P，Qに別の平面Rが交わってできる2つの交線をそれぞれℓ，mとします。点A，Bはそれぞれ直線ℓ，m上の点であり，点Cは平面Q上の点です。次の問いに答えなさい。

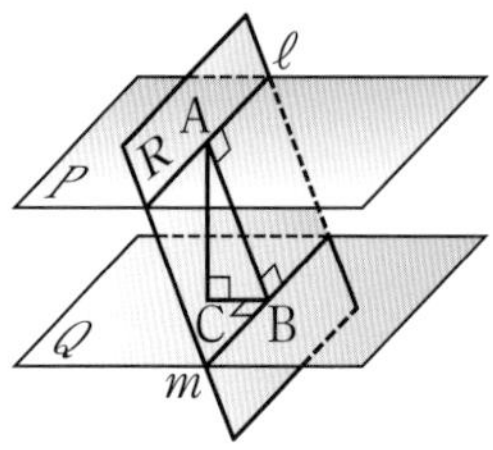

□(1) 直線ℓ，mの関係を，記号を使って表しなさい。（　　　）

□(2) 2平面P，Qの距離を表す線分は，どれですか。（　　　）

ヒント

❹ (2)2平面P，Qが平行のとき，平面P上の1つの点から平面Qに引いた垂線の長さが2平面の距離です。

【面が動いてできる立体①】

❺ 平面P上にある正方形ABCDが，平面Pの垂線ℓにそって平行に，点Aから点Eまで動きます。次の問いに答えなさい。

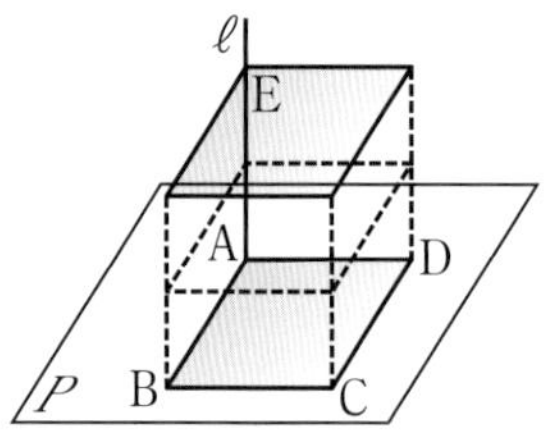

□(1) どんな立体ができますか。（　　　）

□(2) 線分AEの長さは，この立体の何を表していますか。（　　　）

❺ 正方形の紙を何枚も重ねた形を考えます。

【面が動いてできる立体②(回転体)】

よく出る

❻ 次の図形を，直線ℓを軸として1回転してできる立体について，次の問いに答えなさい。

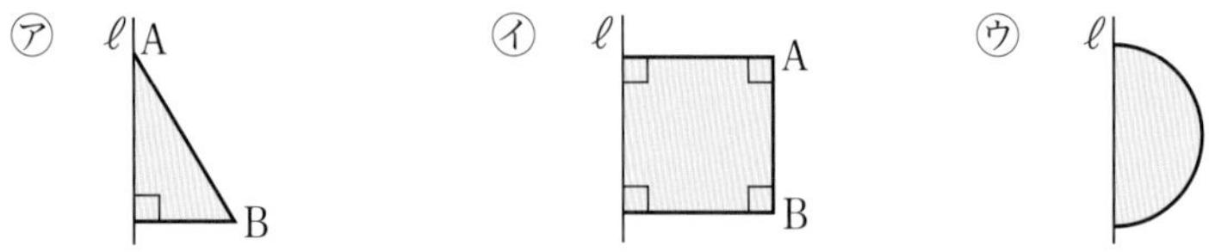

□(1) それぞれの立体の名称を書きなさい。

㋐（　　　）　㋑（　　　）　㋒（　　　）

□(2) ㋐や㋑で，線分ABは側面をえがきます。このような線分を何といいますか。（　　　）

❻ テスト得ダネ

テストでは，回転体の名称を答える問題がよく出題されます。

【立体の展開図】

点UP

❼ 次の㋐～㋒を組み立てたとき，立方体にならないのはどれですか。

□

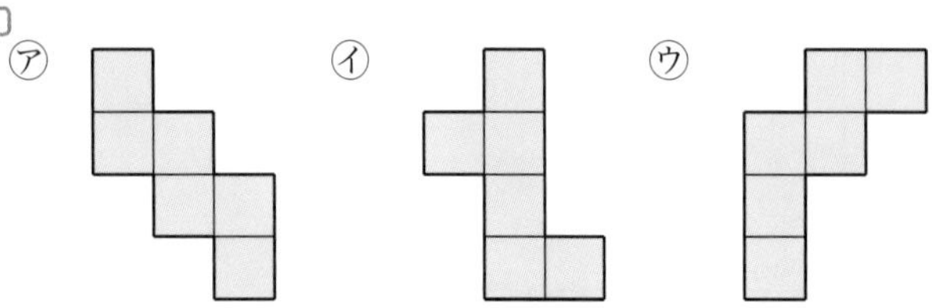

（　　　）

❼ どれか1つの面を底面として組み立てていき，重なりがあるかどうかを調べます。

[解答▶p.24]

Step 1 基本チェック　2 図形の計量

15分

教科書のたしかめ　[　]に入るものを答えよう！

❶ 立体の表面積　▶ 教 p.213-220　Step 2 ❶-❹❻

解答欄

□ (1) 底面の半径が 4cm，高さが 5cm の円柱の表面積を求める。
側面積は $5\times(2\pi\times4)=$[40π]，底面積は $\pi\times4^2=$[16π]，
表面積は，$40\pi+16\pi\times$[2]$=$[72π](cm^2)

□ (2) 半径 10cm，中心角 90°のおうぎ形の

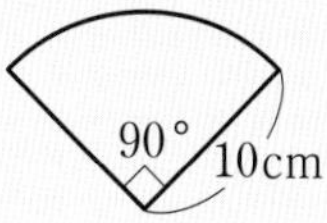

弧の長さは，$2\pi\times10\times\dfrac{[\ 90\ ]}{360}=$[5π](cm)，

面積は，$\pi\times10^2\times\dfrac{[\ 90\ ]}{360}=$[25π](cm^2)

□ (3) 母線の長さ 10cm，底面の半径 4cm の円錐の展開図で，おうぎ形の中心角を x°とすると，$x=360\times\dfrac{[\ 2\pi\times4\ ]}{2\pi\times10}=$[144]
※中心角を求めずにおうぎ形の面積を求めると，
$\pi\times10^2\times\dfrac{[\ 2\pi\times4\ ]}{2\pi\times10}=$[40π](cm^2)

□ (4) 半径 6cm の球の表面積は，$4\pi\times6^2=$[144π](cm^2)

(1) ／ ／
(2) ／ ／
(3) ／ ／
(4)

❷ 立体の体積　▶ 教 p.221-224　Step 2 ❺❻

□ (5) 底面積 $30\mathrm{cm}^2$，高さ 10cm の三角柱の体積は，[300] cm^3

□ (6) 底面積 $50\mathrm{cm}^2$，高さ 12cm の四角錐の体積は，[200] cm^3

□ (7) 半径 6cm の球の体積は，$\dfrac{4}{3}\pi\times6^3=$[288π](cm^3)

(5)
(6)
(7)

教科書のまとめ　＿＿に入るものを答えよう！

□ 立体の表面全体の面積を 表面積 という。
また，1つの底面の面積を 底面積，側面全体の面積を 側面積 という。

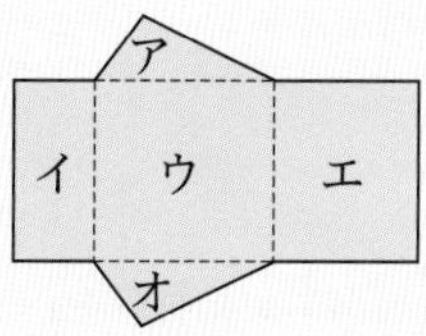

□ 右の三角柱の展開図で，底面となる部分は， ア と オ，側面となる部分は， イ と ウ と エ になる。(表面積)＝(側面積)＋(底面積)×2

□ **おうぎ形の弧の長さと面積**　半径 r，中心角 a°のおうぎ形の弧の長さを ℓ，面積を S とすると，$\ell=2\pi r\times\dfrac{a}{360}$，$S=\pi r^2\times\dfrac{a}{360}$

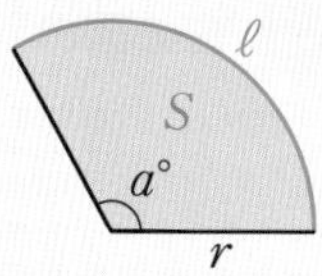

□ **球の表面積**　半径 r の球の表面積を S とすると，$S=4\pi r^2$

□ **角柱，円柱の体積**　底面積を S，高さを h，体積を V とすると，$V=Sh$

□ **角錐，円錐の体積**　底面積を S，高さを h，体積を V とすると，$V=\dfrac{1}{3}Sh$

□ **球の体積**　半径 r の球の体積を V とすると，$V=\dfrac{4}{3}\pi r^3$

Step 2 予想問題 2 図形の計量

1ページ 30分

【立体の表面積①】

よく出る

❶ 次の立体の表面積を求めなさい。

□(1)

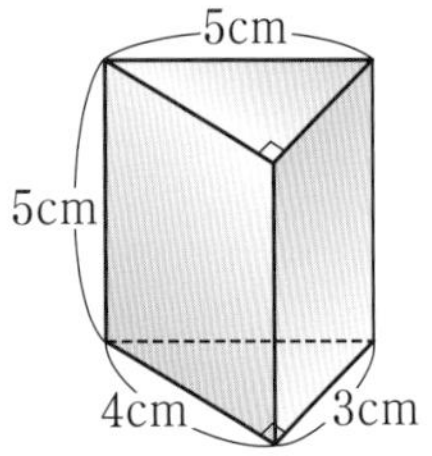

(　　　　)

□(2)

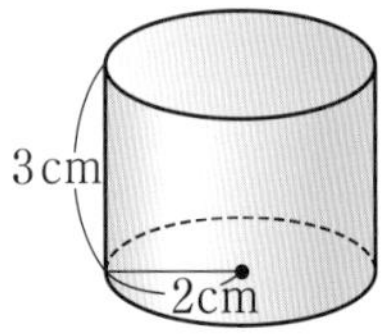

(　　　　)

□(3)

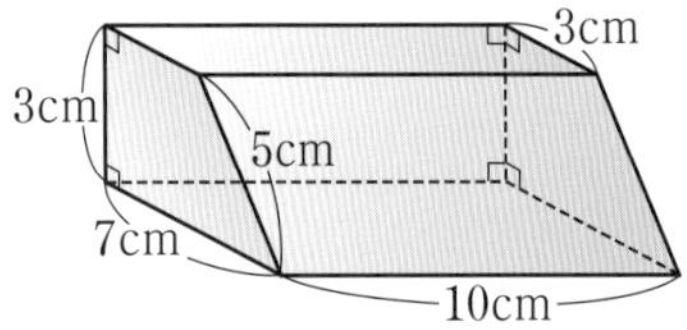

(　　　　)

□(4)

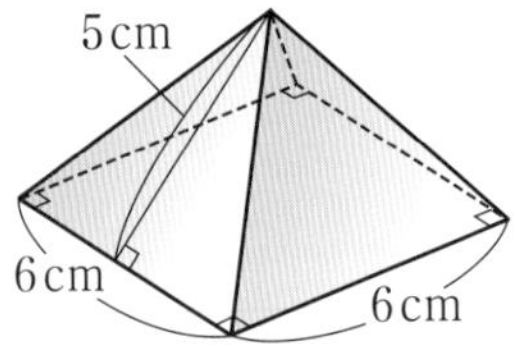

(　　　　)

【立体の表面積②】

よく出る

❷ 半径 8cm の円の円周の長さと面積を求めなさい。

□

円周の長さ(　　　　)　面積(　　　　)

【立体の表面積③】

❸ 半径 6cm，中心角 150°のおうぎ形の弧の長さと面積を求めなさい。

□

弧の長さ(　　　　)　面積(　　　　)

【立体の表面積④】

点UP

❹ 右の図の円錐について，次の問いに答えなさい。

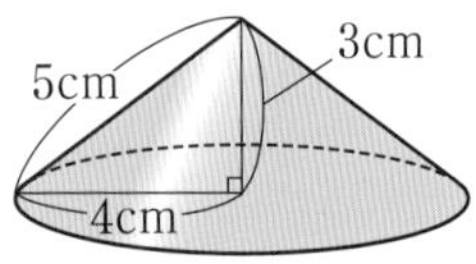

□(1) 側面積を求めなさい。

(　　　　)

□(2) 底面積を求めなさい。

(　　　　)

□(3) 表面積を求めなさい。

(　　　　)

ヒント

❶

(1)(2)展開図にしたとき，側面の長方形の横の長さは，底面の周の長さと等しいです。

(3)底面が台形の四角柱と考えます。

(4)底面が 1 辺 6cm の正四角錐です。

❷

ミスに注意

円周率はπを使って計算しましょう。

❸

中心角を a°とすると，おうぎ形の弧の長さ，面積は，それぞれ円の円周の長さ，面積の $\frac{a}{360}$ 倍になります。

❹

まず，展開図で側面になるおうぎ形の中心角を求めましょう。

半径 r，中心角 a°のおうぎ形の面積 S は，

$$S=\pi r^2\times\frac{a}{360}$$

です。

[解答▶p.25]

【立体の体積】

よく出る

5 次の立体の体積を求めなさい。

□(1)

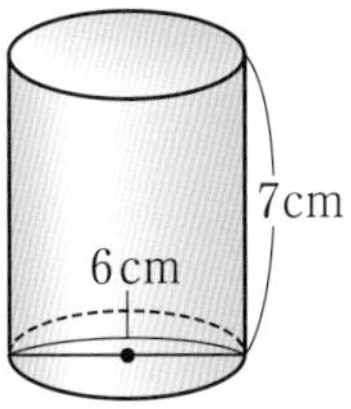

□(2)

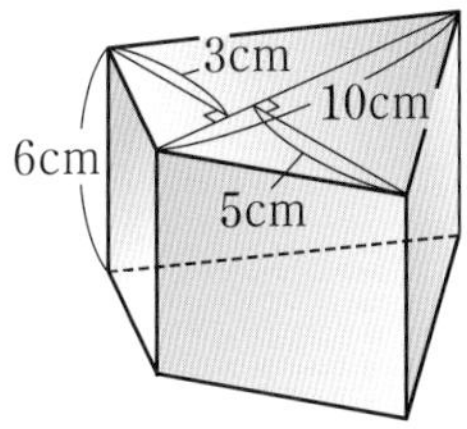

(　　　　　)　(　　　　　)

□(3)

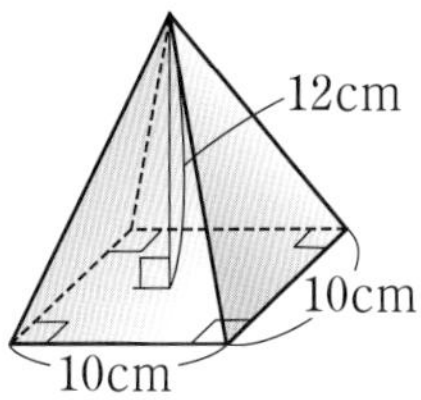

□(4)

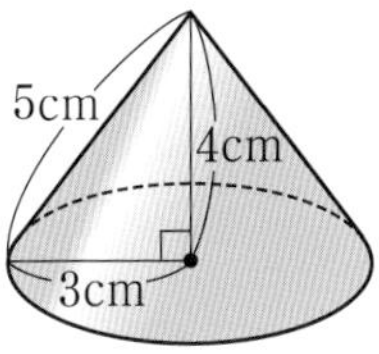

(　　　　　)　(　　　　　)

【球の表面積と体積】

6 次の問いに答えなさい。

□(1)　半径 9cm の球の体積と表面積を求めなさい。

体積(　　　　　)　表面積(　　　　　)

□(2)　直径 6cm の半球の体積と表面積を求めなさい。

体積(　　　　　)　表面積(　　　　　)

点UP

□(3)　右のおうぎ形を，AO を軸として回転させてできる立体の体積と表面積を求めなさい。

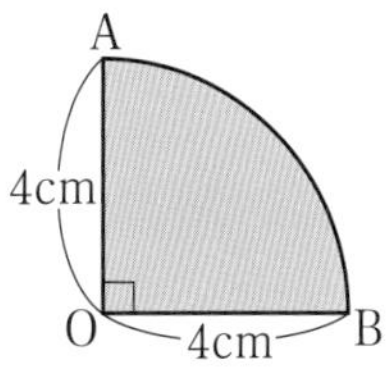

体積(　　　　　)　表面積(　　　　　)

ヒント

5

(2)底面積は，2つの三角形の面積の和になります。

(3)底面の1辺が 10cm，高さが 12cm の正四角錐です。

テスト得ダネ

立体の表面積と体積を求める問題はよく出ます。基本の公式をしっかりおぼえておきましょう。

6

半径 r の球の体積を V，表面積を S とすると，

$V=\frac{4}{3}\pi r^3$

$S=4\pi r^2$

です。

(3)回転してできる立体は，半径 4cm の半球になります。

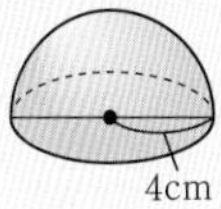

6章

Step 3 予想テスト 6章 空間図形

30分　　/100点　目標 80点

1 右の図は，底面が台形(1組の辺が平行である四角形)である四角柱です。次の問いに答えなさい。考　　12点(各完答，各3点)

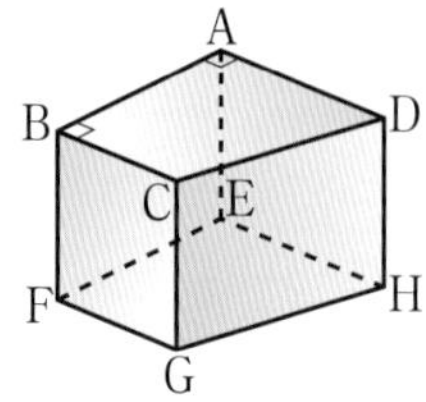

□(1) 辺ABと平行な辺はどれですか。

□(2) 面CGHDと垂直な面はどれですか。

□(3) 面BFGCと垂直な辺はどれですか。

□(4) 辺CGとねじれの位置にある辺は何本ありますか。

2 (1)は，必要な線をかき入れて，解答欄の投影図を完成させなさい。(2)～(4)は，これらの投影図で表される立体の名称を書きなさい。考　　12点(各3点)

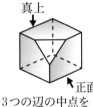

□(1)
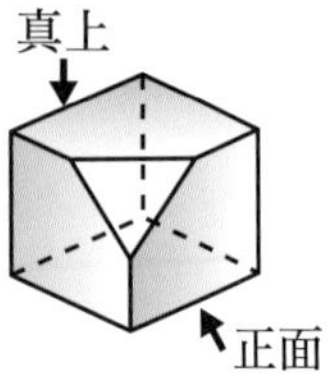

3つの辺の中点を
通る平面で切った立体

□(2)
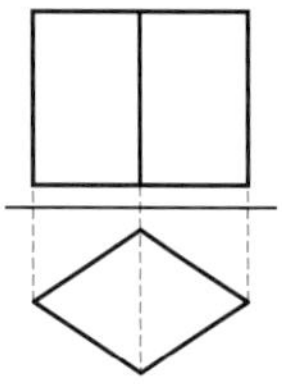

□(3)
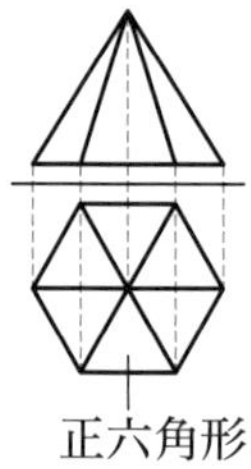

□(4)
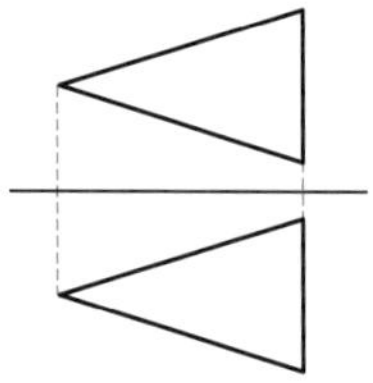

3 次の展開図を組み立てたときにできる立体の名称を書きなさい。知 考　　8点(各2点)

□(1)
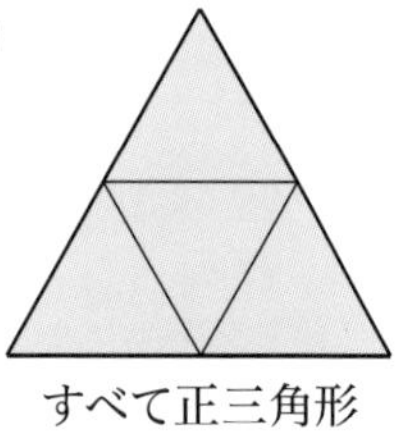

□(2)
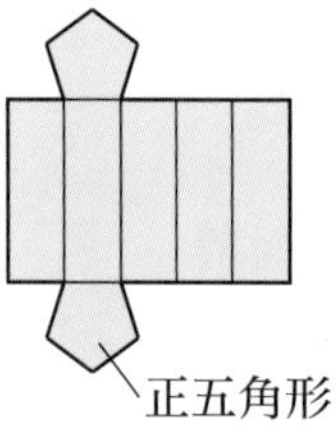

□(3)
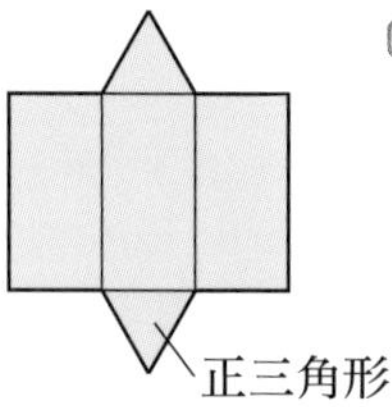

□(4)
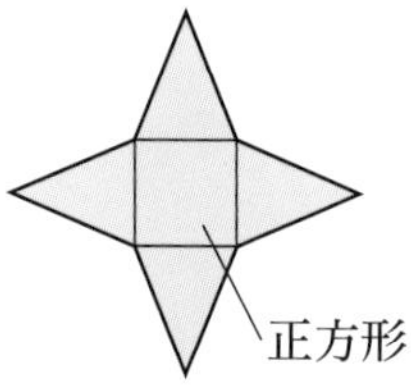

4 次の立体の㋐表面積と㋑体積を求めなさい。知　　32点(各4点)

□(1)
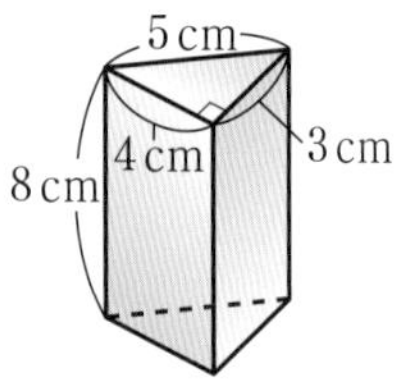

□(2)
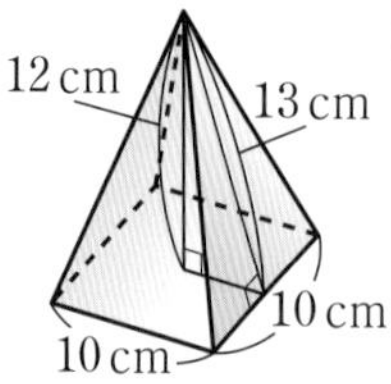

□(3)
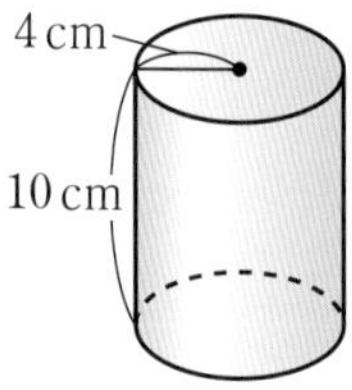

□(4)
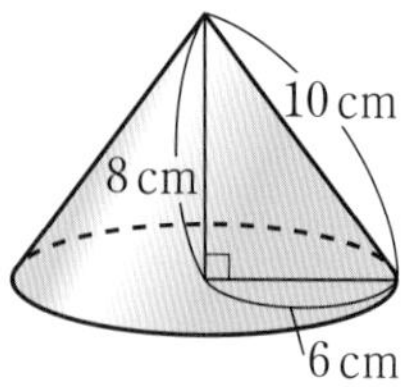

点UP **5** 直径10cmの球の㋐表面積と㋑体積を求めなさい。知　　8点(各4点)

□

❻ 右の図のように三角形を，直線 ℓ を軸として１回転してできる立体について，次の問いに答えなさい。考　20点(各4点)

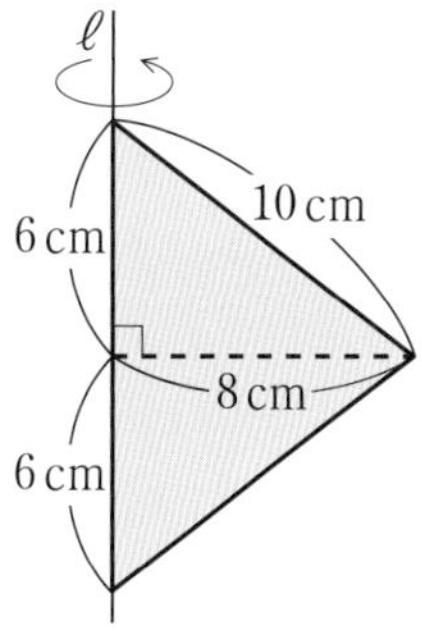

□(1)　この立体は，２つの合同な立体を底面ではり合わせた形になります。その２つの立体の名称を書きなさい。

□(2)　この立体の展開図は，２つの合同なおうぎ形になります。その１つのおうぎ形の弧の長さを求めなさい。

□(3)　(2)のおうぎ形の中心角を求めなさい。

□(4)　この立体の表面積を求めなさい。

□(5)　この立体の体積を求めなさい。

得点UP

❼ □ 右の直方体の容器に，図のように水を入れ，その水を円柱形の容器に移したところ，水の深さが 9cm になりました。この円柱形の容器の底面積を求めなさい。

知 考　8点

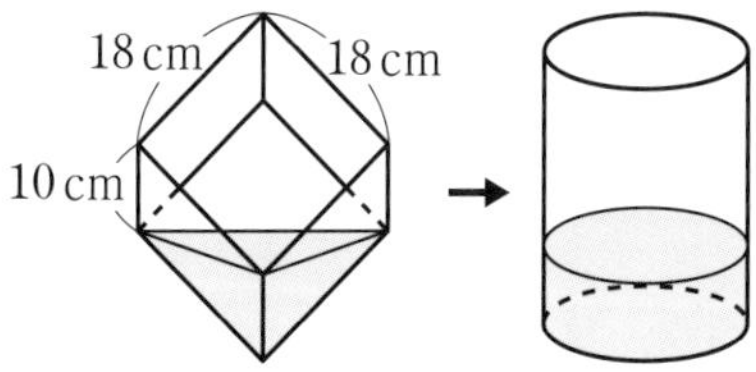

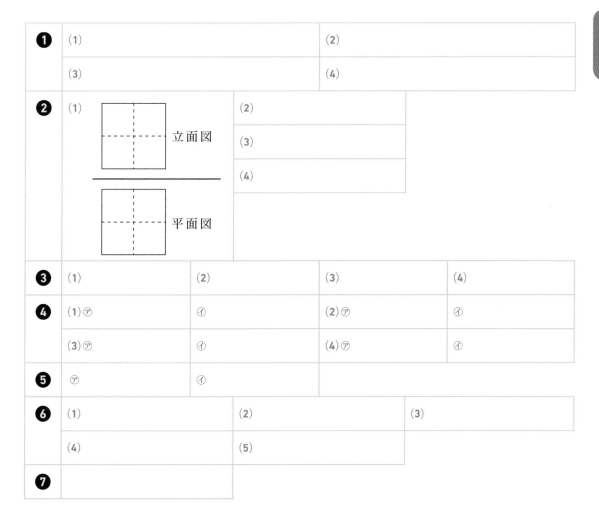

❶	(1)		(2)	
	(3)		(4)	
❷	(1) 立面図 / 平面図	(2)		
		(3)		
		(4)		
❸	(1)	(2)	(3)	(4)
❹	(1)㋐	㋑	(2)㋐	㋑
	(3)㋐	㋑	(4)㋐	㋑
❺	㋐	㋑		
❻	(1)	(2)	(3)	
	(4)	(5)		
❼				

❶ ／12点　❷ ／12点　❸ ／8点　❹ ／32点　❺ ／8点　❻ ／20点　❼ ／8点

[解答▶p.26]

Step 1 基本チェック　1 データの傾向の調べ方　2 データの活用

15分

教科書のたしかめ　[ ]に入るものを答えよう！

1 データの傾向の調べ方

▶ 教 p.234-247　Step 2 ❶❷

解答欄

階級(°C)	度数(日)
以上　未満	
18 ～ 21	1
⋮	⋮
30 ～ 33	4
計	30

□(1) データの最小値が 18.8 °C，最大値が 31.8 °C であるとき，このデータの範囲は，[13.0]°C　(1)

□(2) 右のような表を[度数分布表]という。　(2)

□(3) 右の表で階級の幅は，[3]°C　(3)

□(4) 階級が，10g 以上 20g 未満であるとき，階級値は，[15]g　(4)

□(5) 右のヒストグラムで，階級が 24 °C 以上 27 °C 未満の度数は，[6]日　(5)

□(6) 右の図の折れ線グラフを，[度数折れ線(度数分布多角形)]という。　(6)

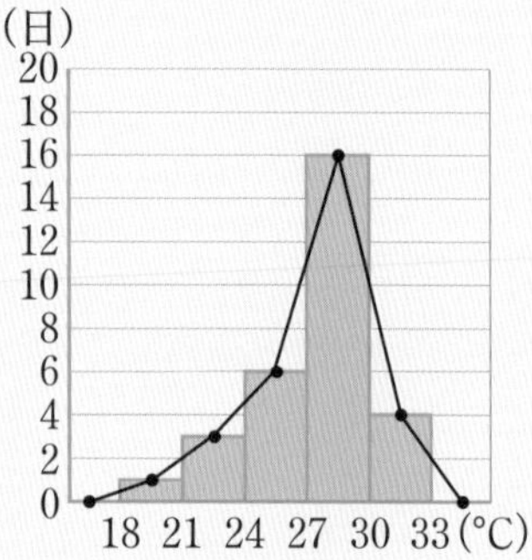

□(7) 総度数が 50 で，度数が 10 であるとき，相対度数は，[0.2]　(7)

□(8) 相対度数の総和は，つねに[1]　(8)

□(9) 右の表で，さいころを投げて 1 の目が出た相対度数を小数第 3 位まで求めなさい。　(9)

投げた回数	800	1200	1600	2000
1の目が出た回数	126	201	268	335
1の目が出た相対度数	0.158	0.168	[0.168]	[0.168]

□(10) 相対度数は[0.168]に近づくと考えられるので，1 の目が出る確率は[0.168]と考えられる。　(10)

2 データの活用

▶ 教 p.248-253

□(11) 度数分布表や[ヒストグラム]をもとにして，データの[傾向]を読み取ることができる。　(11)

教科書のまとめ　＿＿に入るものを答えよう！

□ 代表値には，もっともよく用いられる 平均値，データを大きさの順に並べたとき，中央にくる値の 中央値，データの中でもっとも多く出てくる値の 最頻値 などがある。

□ 各階級の度数を，度数の総和すなわち総度数でわった値を，その階級の 相対度数 という。

□ 度数分布表において，最小の階級から各階級までの度数を加えたものを 累積度数 という。また，最小の階級から各階級までの相対度数を加えたものを 累積相対度数 という。

□ あることがらの起こりやすさの程度を表す数を，そのことがらの起こる 確率 という。

Step 2 予想問題 1 データの傾向の調べ方 2 データの活用

1ページ 30分

【データの傾向の調べ方①(代表値，データの整理，相対度数)】

よく出る

1 ある都市の4月の最高気温を調べました。表1は，データの値を小さい順に並べたものです。それをもとに作成したのが表2です。次の問いに答えなさい。

表1

① 7.6 °C
② 11.3 °C
⋮
⑭ 19.7 °C
⑮ 20.3 °C
⑯ 20.5 °C
⑰ 20.6 °C
⋮
㉙ 25.4 °C
㉚ 27.2 °C

表2

階級(°C)	階級値(°C)	度数(日)	相対度数	累積相対度数	(階級値)×(度数)
以上 未満					
7 ～ 10	8.5	1	0.03		8.5
10 ～ 13	11.5	3	㋐		34.5
13 ～ 16	14.5	3	㋐		43.5
16 ～ 19	17.5	5	0.17		87.5
19 ～ 22	20.5	8	㋑		164.0
22 ～ 25	23.5	7	0.23	㋒	164.5
25 ～ 28	26.5	3	㋐	1.00	79.5
計		30	1.00		582.0

□(1) データの範囲(レンジ)をいいなさい。 (　　　)

□(2) 階級の幅を求めなさい。 (　　　)

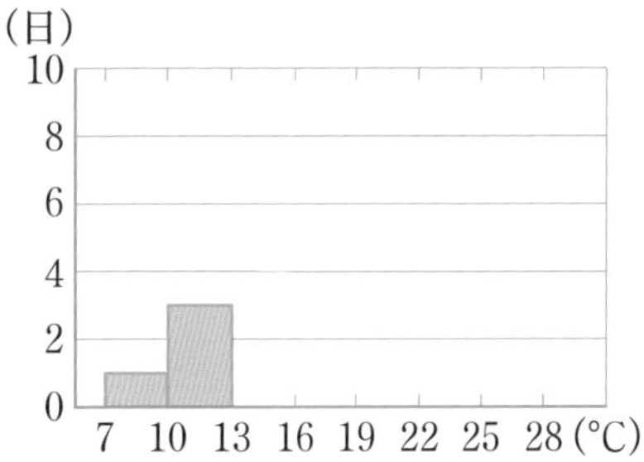

□(3) 表2をもとに，右のヒストグラムを完成させなさい。

□(4) ㋐，㋑，㋒にあてはまる数を書きなさい。

㋐(　　　)，㋑(　　　)，㋒(　　　)

□(5) 中央値，最頻値，平均値を求めなさい。

中央値(　　　)，最頻値(　　　)，平均値(　　　)

【データの傾向の調べ方②(ことがらの起こりやすさ)】

点UP

2 さいころを投げ，1の目が出た回数を調べたところ，下の表のようになりました。次の問いに答えなさい。

投げた回数	100	200	300	400	500	1000
⚀が出た回数	19	34	49	65	84	169
⚀が出た相対度数	㋐(　　)	㋑(　　)	㋒(　　)	㋓(　　)	㋔(　　)	㋕(　　)

□(1) 1の目の出た相対度数をそれぞれ求め，表の㋐～㋕に書き入れなさい。ただし，四捨五入により，小数第2位までの数で表しなさい。

□(2) さいころを投げたとき，1の目が出る確率はいくらと考えられますか。 (　　　)

ヒント

1

(1)データの最大値と最小値の差を求めます。

(4)(ある階級の相対度数) $=\dfrac{(その階級の度数)}{(総度数)}$

(5)中央値…データの値の数が奇数個のときは，中央の値です。偶数個のときは，中央の2つの値の合計を2でわった値です。
最頻値…度数のもっとも多い階級の階級値で答えます。

2

(1)(1の目が出た相対度数) ＝(1の目が出た回数) ÷(投げた回数)

(2)投げる回数が多くなるほど，一定の値に近づいていくと考えられます。

Step 3 予想テスト 7章 データの活用

20分　／50点　目標 40点

1 中学1年の男子生徒50人の50m走の記録を測定しました。表1は，記録のよい順に並べたものの一部です。また，表2は，記録をもとに作成した表です。これについて，次の問いに答えなさい。知 考

39点((1)各2点，(2)5点，(3)，(4)各4点)

表1

1	6.5秒
⋮	⋮
24	8.2秒
25	8.3秒
26	8.3秒
27	8.4秒
⋮	⋮
50	9.4秒

表2

階級(秒)	階級値(秒)	度数(人)	相対度数	(階級値)×(度数)
以上　未満				
6.4 ～ 6.8	6.6	1	0.02	6.6
6.8 ～ 7.2	7.0	2	0.04	14.0
7.2 ～ 7.6	7.4	4	0.08	29.6
7.6 ～ 8.0	7.8	㋐	㋒	㋕
8.0 ～ 8.4	8.2	15	0.30	123.0
8.4 ～ 8.8	8.6	㋑	0.18	㋖
8.8 ～ 9.2	9.0	5	㋓	45.0
9.2 ～ 9.6	9.4	2	0.04	18.8
計		50	㋔	408.0

図

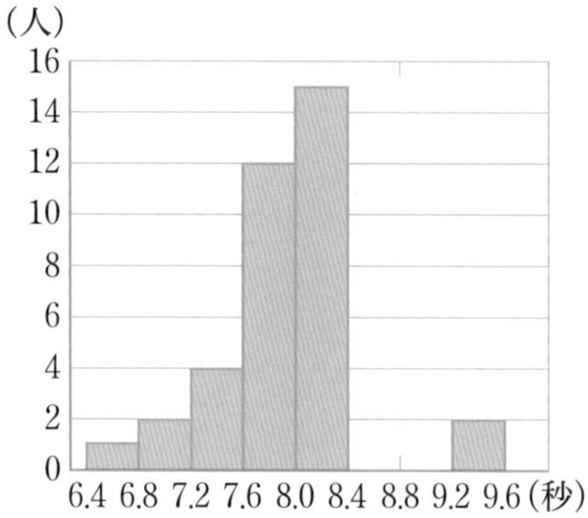

□(1) 表2や図のヒストグラムを見て，㋐～㋖にあてはまる数を求めなさい。

□(2) 表2をもとに，右上の図のヒストグラムを完成させなさい。

□(3) データについて，次の値を(平均値は小数第一位まで)求めなさい。

① 範囲(はんい)　② 中央値　③ 最頻値　④ 平均値

□(4) 記録が7.6秒未満の生徒は全体の何%ですか。

点UP **2** ビールの王冠を800回投げたら，320回表が出ました。表の出る確率を求めなさい。知　5点
□

3 次のことがらが正しければ○を，正しくなければ×を書きなさい。考　6点(各2点)

□(1) 右の図のような将棋(しょうぎ)の駒(こま)を投げるとき，表の出る確率は$\frac{1}{2}$である。

□(2) 正しくつくられたさいころを投げるとき，3の目の出る確率と6の目の出る確率は等しい。

□(3) 10円硬貨(こうか)を1000回投げるとき，表と裏の出る回数は必ず等しくなる。

1	(1)㋐	㋑	㋒	㋓	
	㋔	㋕	㋖	(2)(問題の図にかく)	
	(3)①	②	③	④	(4)
2		**3** (1)	(2)	(3)	

[解答▶p.28]

テスト前 ☑ やることチェック表

① まずはテストの目標をたてよう。頑張ったら達成できそうなちょっと上のレベルを目指そう。
② 次にやることを書こう（「ズバリ英語〇ページ，数学〇ページ」など）。
③ やり終えたら□に✓を入れよう。
最初に完ぺきな計画をたてる必要はなく，まずは数日分の計画をつくって，
その後追加・修正していっても良いね。

目標

	日付	やること 1	やること 2
2週間前	／	□	□
	／	□	□
	／	□	□
	／	□	□
	／	□	□
	／	□	□
	／	□	□
1週間前	／	□	□
	／	□	□
	／	□	□
	／	□	□
	／	□	□
	／	□	□
	／	□	□
テスト期間	／	□	□
	／	□	□
	／	□	□
	／	□	□
	／	□	□

キリトリ線

QRコードのページに登録すると，「ぴたリンク」からも表をダウンロードできるよ

テスト前 ☑ やることチェック表

① まずはテストの目標をたてよう。頑張ったら達成できそうなちょっと上のレベルを目指そう。
② 次にやることを書こう（「ズバリ英語〇ページ，数学〇ページ」など）。
③ やり終えたら□に✔を入れよう。
最初に完ぺきな計画をたてる必要はなく，まずは数日分の計画をつくって，
その後追加・修正していっても良いね。

目標

	日付	やること 1	やること 2
2週間前	／	□	□
	／	□	□
	／	□	□
	／	□	□
	／	□	□
	／	□	□
	／	□	□
1週間前	／	□	□
	／	□	□
	／	□	□
	／	□	□
	／	□	□
	／	□	□
	／	□	□
テスト期間	／	□	□
	／	□	□
	／	□	□
	／	□	□
	／	□	□

QRコードのページに登録すると，「ぴたリンク」からも表をダウンロードできるよ

学校図書版 数学１年 | 定期テスト ズバリよくでる | 解答集

１章 正の数・負の数

１ 正の数・負の数

p.3-4 **Step 2**

❶ (1) -3 ℃　　(2) -3.5km
(3) $+200$ 円

解き方 正，負の符号の ＋，－ をつけるほかに，その数量が何を表すかわかるように単位もつけて表します。

❷ (1) Aから西へ150m
(2) 秒速0.8mの追い風

解き方 反対の性質をもつ数量は，正の数，負の数を使って表すことができます。
(1)「東」の反対語は「西」。
(2)「向かい風」の反対語は「追い風」。

❸ (1) -15　　(2) $+0.6$

解き方 (1) 0 より小さい数は，負の符号 － をつけて表します。
(2) 0 より大きい数は，正の符号 ＋ をつけて表します。

❹ (1) $+3,\ +1.8,\ +12$
(2) $-\dfrac{8}{5},\ -4,\ -6$
(3) $0,\ +3,\ -4,\ +12,\ -6$
(4) $+3,\ +12$

解き方 (1) 0 より大きい数を正の数といいます。
(2) 0 より小さい数を負の数といいます。0 は正の数でも負の数でもない数です。
(3) 小数や分数でない正，負の数を整数といい，0 も整数です。
(4) 整数のうち正の整数を自然数といいます。0 は自然数ではありません。

❺

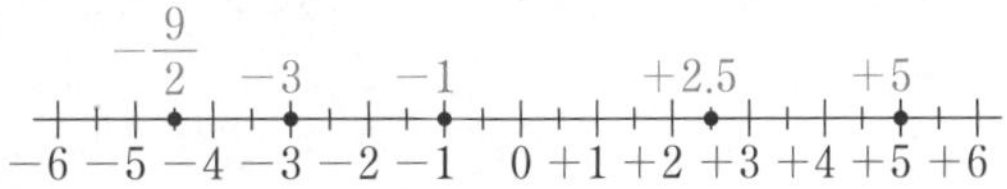

解き方 正の数は，0 に対応する点である原点から右側，負の数は原点から左側の位置になります。
図の数値線の小さい 1 目盛りは 0.5 を表しています。
$+2.5$ の位置は $+2$ の点よりさらに 0.5 右側です。
$-\dfrac{9}{2}=-4.5$ は，-4 の点よりさらに 0.5 左側の位置になります。

❻ A -3.4　　B -2　　C 0
D $+1$　　E $+2.8$

解き方 小さい 1 目盛りは 0.2 を表していることに着目します。
数直線上で原点より左側にある点に対応する数には － の符号を，原点より右側にある点に対応する数には ＋ の符号をつけます。
0 は正の数でも負の数でもないので，正，負の符号はつけません。

❼ (1) $+6>+2$　　(2) $-7<-3$
(3) $+1.6>-0.7$　　(4) $-\dfrac{1}{4}>-\dfrac{3}{4}$
(5) $-5<0<+4$　　(6) $-8<-4<+7$

解き方 数の大小は，その数の並び順にしたがって不等号 ＞，＜ を使い分けます。
(1) $+2<+6$ のように表してもよいです。
(2) $-3>-7$ のように表してもよいです。
3 つの数のときは，小さい数から順に並べるか，または，大きい数から順に並べて同じ向きの不等号を使います。
(5) $+4>0>-5$ のように表してもよいです。
また，$-5<+4>0$ としてはいけません。

8 (1) 3.2　　(2) 18
(3) 0　　(4) $\frac{3}{5}$

解き方 絶対値は，数直線上で，原点から対応する点までの距離のことであり，正，負の符号をつけずに表します。

9 +8，−8　（順不同）

解き方 数直線上で，原点から同じ距離にある点は，原点の右側と左側に1つずつ，合計2個あります。
なお，0の絶対値は0の1個だけです。

2 加法・減法

p.6-7　**Step 2**

1 (1) −5

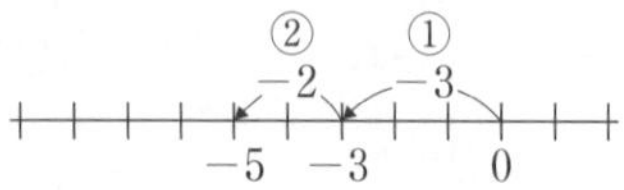

(2) +3

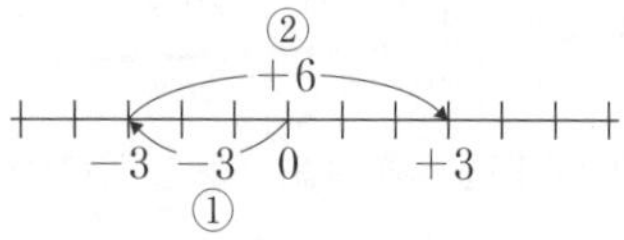

解き方 加法を数直線上で表すときには，最初の項は1回目の動きを，2番目の項は2回目の動きを表します。

2 (1) +13　　(2) −11　　(3) +7
(4) −15　　(5) +0.6　　(6) −7.2
(7) $-\frac{5}{6}$　　(8) $-\frac{1}{12}$

解き方 (7) 分母のちがう分数の加法は，通分してから計算します。

$$\left(-\frac{1}{2}\right)+\left(-\frac{1}{3}\right)=\left(-\frac{3}{6}\right)+\left(-\frac{2}{6}\right)$$
$$=-\left(\frac{3}{6}+\frac{2}{6}\right)$$
$$=-\frac{5}{6}$$

(8) 通分してから数の絶対値の大小を考えます。

$$\left(+\frac{3}{4}\right)+\left(-\frac{5}{6}\right)=\left(+\frac{9}{12}\right)+\left(-\frac{10}{12}\right)$$
$$=-\left(\frac{10}{12}-\frac{9}{12}\right)$$
$$=-\frac{1}{12}$$

3 (1) −3

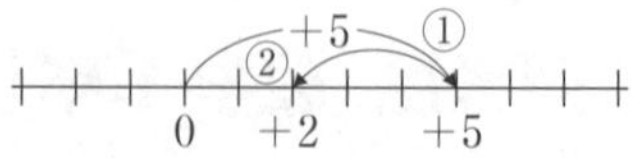

(2) +5

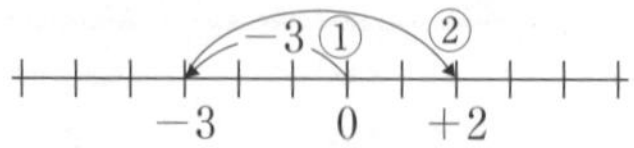

解き方 2数の減法では，ひく数が1回目の動きを表し，ひかれる数は2回目に動いた結果を表します。
数直線から2回目の動きを読み取ると，
(1) 左方向に3動いています。
(2) 右方向に5動いています。

4 (1) −6　　(2) +5　　(3) +15
(4) +19　　(5) −1.5　　(6) +3
(7) $-\frac{1}{4}$　　(8) $+\frac{7}{18}$

解き方 分数の減法は，加法に変えてから通分します。

(7)
$$\left(-\frac{1}{2}\right)-\left(-\frac{1}{4}\right)=\left(-\frac{1}{2}\right)+\left(+\frac{1}{4}\right)$$
$$=\left(-\frac{2}{4}\right)+\left(+\frac{1}{4}\right)$$
$$=-\left(\frac{2}{4}-\frac{1}{4}\right)$$
$$=-\frac{1}{4}$$

(8)
$$\left(+\frac{1}{6}\right)-\left(-\frac{2}{9}\right)=\left(+\frac{1}{6}\right)+\left(+\frac{2}{9}\right)$$
$$=\left(+\frac{3}{18}\right)+\left(+\frac{4}{18}\right)$$
$$=+\left(\frac{3}{18}+\frac{4}{18}\right)$$
$$=+\frac{7}{18}$$

5 (1) 大阪（式）10.5−1.2=9.3　　9.3 ℃
札幌（式）0.2−(−5.7)=5.9　5.9 ℃
(2)（式）−5.7−1.2=−6.9　　−6.9 ℃

解き方 最高気温と最低気温の温度差は，
（最高気温）−（最低気温）の式で求めます。
(1)(2) 求める数量を表すために記号℃を書きます。

6 (1) −4　　(2) −12

解き方 正の項どうし，負の項どうしをまとめます。
(1) 負の項（−8），（−7），正の項（+6），（+5）をそれぞれまとめて書くと，

$(-8)+(+6)+(+5)+(-7)$
$=(-8)+(-7)+(+6)+(+5)$
$=(-15)+(+11)$
$=-4$

(2) (-12)，(-6)，(-3)と $(+9)$をそれぞれまとめて書くと，

$(-12)+(+9)+(-6)+(-3)$
$=(-12)+(-6)+(-3)+(+9)$
$=(-21)+(+9)$
$=-12$

❼ (1) 加法の式 $(-9)+(+5)+(-12)$
項を並べた式 $-9+5-12$
(2) 加法の式 $(+4)+(-2)+(-3)+(+7)$
項を並べた式 $4-2-3+7$

解き方 正，負の数の減法では，ひく数の符号を変えて，加える形にします。(1) では，最初の項 -9 の $-$ は省けませんが，(2) の $+4$ では $+$ を省くことができます。

❽ (1) $(-3)+(+6)+(-5)$
(2) $(+5)+(-6)+(+3)+(-4)$

解き方 減法のところは，$-$ の符号をつけてかっこをつけ加法にします。加法のところは，$+$ の符号をつけて，かっこをつけます。

❾ (1) -2　(2) 4　(3) 2
(4) 9　(5) -1　(6) -4.6
(7) $-\frac{1}{8}$　(8) $-\frac{11}{12}$

解き方 (2) 答えが $+4$ と正の数のときは，正の符号 $+$ を省いて，4 としてもよいです。
(7) 分母が共通なので分子に注目して計算します。
(8) 項を並べかえて通分します。

$$-\frac{1}{2}+\frac{1}{3}-\frac{3}{4}=-\frac{1}{2}-\frac{3}{4}+\frac{1}{3}$$
$$=-\frac{6}{12}-\frac{9}{12}+\frac{4}{12}$$
$$=-\frac{11}{12}$$

3 乗法・除法　4 数の集合

p.9-11　Step ❷

❶ (1) $+32$　(2) $+21$　(3) -36
(4) -45　(5) 0　(6) -3
(7) $+15$　(8) -6　(9) $-\frac{1}{4}$

解き方 答えが正の数のときは，正の符号 $+$ を省いてもよいです。
(5) かけ合わせる 2 数のどちらかが 0 のとき，積は 0 になります。
(6) 正，負の数に -1 をかけると，積はもとの数の符号を変えた数になります。

❷ (1) $+700$　(2) -64
(3) -5.3　(4) $+54$

解き方 答えの符号を，まず求めます。
$-$が奇数個→ $-$　　$-$が偶数個→ $+$
(1)(4) では答えの正の符号 $+$ を省くことができます。
(1) $-$が 2個なので答えの符号は $+$ です。
$+(20\times5\times7)$と式を直して計算します。
(2) $-$が 1個なので答えの符号は $-$ です。
$-(1.6\times5\times8)$と式を直して計算します。
(3) $-\left(7\times\frac{1}{7}\times5.3\right)$のように符号を決め計算の順を変えると$7\times\frac{1}{7}=1$となり計算しやすいです。
(4) $+\left(\frac{15}{4}\times\frac{8}{5}\times9\right)$のように符号を決め，分母，分子を約分すると計算しやすくなります。

❸ (1) -72　(2) $+24$
(3) $+140$　(4) -90

解き方 答えの符号を考えてから計算します。
$-$ が奇数個→ $-$
(2)(3) 答えの正の符号 $+$ を省くことができます。

❹ (1) 6^3　(2) $(-5)^2$　(3) $\left(\frac{2}{3}\right)^3$

解き方 (2) 負の数はかっこをつけて，累乗の指数を書きます。-5^2 としないように注意しましょう。
(3) 同じ分数をいくつかかけ合わせたときは，分数にかっこをつけてから累乗の指数を書きます。

❺ (1) 4　　(2) -4　　(3) -1

解き方 (1)(2) $(-2)^2$ と -2^2 のちがいに注意しましょう。

(1) $-$ が偶数個なので，答えの符号は $+$ です。

(2) $-2^2=-(2\times2)$ であることに注意しましょう。

(3) $-$ が奇数個なので，答えの符号は $-$ です。

❻ (1) $+4$　　(2) $+3$　　(3) -3
(4) -3　　(5) 0　　(6) $+0.5$
(7) -8　　(8) -0.7　　(9) $+0.8$

解き方 (1)(2)(6)(9) 答えの $+$ の符号は省いてもよいです。

(5) 0 を正の数や，負の数でわったとき商は 0 になります。

参考 (6) は $+\frac{1}{2}$，(8) は $-\frac{7}{10}$，(9) は $+\frac{4}{5}$ のように答えを分数で表してもよいです。

❼ (1) $-\frac{1}{3}$　　(2) -4　　(3) $-\frac{5}{2}$

解き方 2 つの数の積が 1 になるとき，一方の数を，もう一方の数の逆数といいます。正の数の逆数は正の数，負の数の逆数は負の数となります。

(1) $1\div(-3)=-\frac{1}{3}$，(2) $1\div\left(-\frac{1}{4}\right)=-4$

(3) $1\div\left(-\frac{2}{5}\right)=-\frac{5}{2}$

❽ (1) $-\frac{15}{8}$　　(2) $-\frac{1}{4}$　　(3) $\frac{5}{9}$
(4) $-\frac{16}{3}$　　(5) $\frac{5}{12}$　　(6) $-\frac{1}{24}$

解き方 わる数を逆数にして，乗法に直してから計算します。

分数の逆数は，符号を同符号にして分子と分母を入れかえた分数です。整数の逆数は，符号を同符号にして，整数を分母にし，1 を分子とする分数です。

また，分数の計算では約分に注意しましょう。

(1) $\left(-\frac{3}{4}\right)\div\frac{2}{5}=\left(-\frac{3}{4}\right)\times\frac{5}{2}=-\left(\frac{3}{4}\times\frac{5}{2}\right)$
$=-\frac{15}{8}$

(2) $\frac{5}{6}\div\left(-\frac{10}{3}\right)=\frac{5}{6}\times\left(-\frac{3}{10}\right)=-\left(\frac{5}{6}\times\frac{3}{10}\right)$
$=-\frac{1}{4}$

(3) $\left(-\frac{2}{3}\right)\div\left(-\frac{6}{5}\right)=\left(-\frac{2}{3}\right)\times\left(-\frac{5}{6}\right)=\frac{2}{3}\times\frac{5}{6}$
$=\frac{5}{9}$

(4) $12\div\left(-\frac{9}{4}\right)=12\times\left(-\frac{4}{9}\right)=-\left(12\times\frac{4}{9}\right)$
$=-\frac{16}{3}$

(5) $\left(-\frac{5}{6}\right)\div(-2)=\left(-\frac{5}{6}\right)\times\left(-\frac{1}{2}\right)=\frac{5}{6}\times\frac{1}{2}$
$=\frac{5}{12}$

(6) $\frac{5}{8}\div(-15)=\frac{5}{8}\times\left(-\frac{1}{15}\right)=-\left(\frac{5}{8}\times\frac{1}{15}\right)$
$=-\frac{1}{24}$

❾ (1) 16　　(2) 18
(3) -10　　(4) $-\frac{2}{3}$

解き方 (1) $8\times(-6)\div(-3)=8\times(-6)\times\left(-\frac{1}{3}\right)$
$=8\times6\times\frac{1}{3}=16$

(2) $(-9)\div4\times(-8)=(-9)\times\frac{1}{4}\times(-8)$
$=9\times\frac{1}{4}\times8=18$

(3) $12\div\left(-\frac{3}{4}\right)\times\frac{5}{8}=12\times\left(-\frac{4}{3}\right)\times\frac{5}{8}$
$=-\left(12\times\frac{4}{3}\times\frac{5}{8}\right)=-10$

(4) $\frac{1}{5}\times(-3)\div\frac{9}{10}=\frac{1}{5}\times(-3)\times\frac{10}{9}$
$=-\left(\frac{1}{5}\times3\times\frac{10}{9}\right)=-\frac{2}{3}$

❿ (1) 4　　(2) 4
(3) -10　　(4) -20

解き方 累乗があるときは累乗を先に計算する。

(1) $36\div(-3)^2=36\div\{(-3)\times(-3)\}$
$=36\div9$
$=4$

(2) $8-(-2)^2=8-4$
$=4$

(3) $-5^2+15=-5\times5+15$
$=-10$

(4) $(-4)^2+(-6^2)=(-4)\times(-4)-(6\times6)$
$=16-36$
$=-20$

⓫ (1) -4　(2) 1
(3) 27　(4) -20

解き方 加減と乗除が混じった計算では，乗除を先にします。

(1) 6＋2の計算を先にしてはいけません。

$6+2\times(-5)=6+(-10)$
$=-4$

(2) $-5+(-12)\div(-2)=-5+6$
$=1$

(3) $15-(-4)\times3=15-(-12)$
$=15+12$
$=27$

(4) $(-24)\div4-(-7)\times(-2)=-6-14$
$=-20$

⓬ (1) -30　(2) 36　(3) 4
(4) -4　(5) 30　(6) 16

解き方 かっこがあるときは，かっこの中を先に計算します。

(5) $(10-5^2)\times(-2)=(10-25)\times(-2)$
$=(-15)\times(-2)$
$=30$

(6) $-2^2-(7-3^3)=-4-(7-27)$
$=-4-(-20)$
$=-4+20$
$=16$

⓭ (1) -5　(2) -11
(3) -23　(4) -63

解き方 (1) $24\times\left(\frac{1}{8}-\frac{1}{3}\right)=24\times\frac{1}{8}-24\times\frac{1}{3}$
$=3-8$
$=-5$

(3) $23\times8+23\times(-9)=23\times\{8+(-9)\}$
$=23\times(-1)$
$=-23$

(4) $5.2\times(-6.3)+4.8\times(-6.3)=(5.2+4.8)\times(-6.3)$
$=10\times(-6.3)$
$=-63$

⓮ 13.9 秒

解き方 14 秒を基準としているので，4 人の記録の 14 秒との差をそれぞれ求めます。

A：$13.6-14=-0.4$　B：$14.1-14=0.1$
C：$14.2-14=0.2$　D：$13.7-14=-0.3$

4 人の記録の 14 秒との差を加えた式から平均を求めます。

$14+(-0.4+0.1+0.2-0.3)\div4=14+(-0.4)\div4$
$=14-0.1$
$=13.9$

⓯

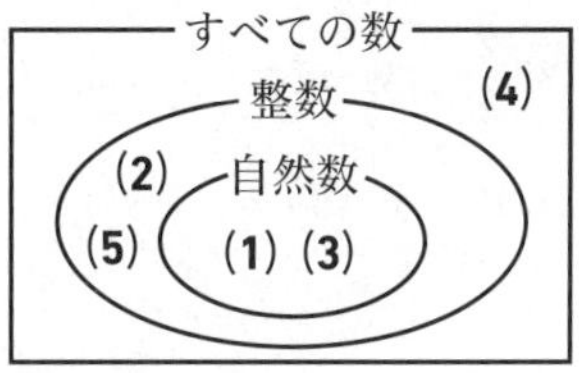

解き方 自然数どうしの加減乗除でも，その計算結果が自然数になるとは限りません。

【整数】＋1，＋2，…のような正の整数，－1，－2，…のような負の整数および，0 がある。
【自然数】正の整数を自然数ともいう。

整数，自然数の他に，正や負の分数および小数があります。

(1) $3+5=8$ ➡自然数
(2) $3-5=-2$ ➡負の整数
(3) $3\times5=15$ ➡自然数
(4) $3\div5=0.6$ または $\frac{3}{5}$
➡小数，分数になるので整数にふくまれない。
(5) かけ合わせる 2 数のどちらかが 0 のときの積は 0。
$3\times0=0$ ➡整数

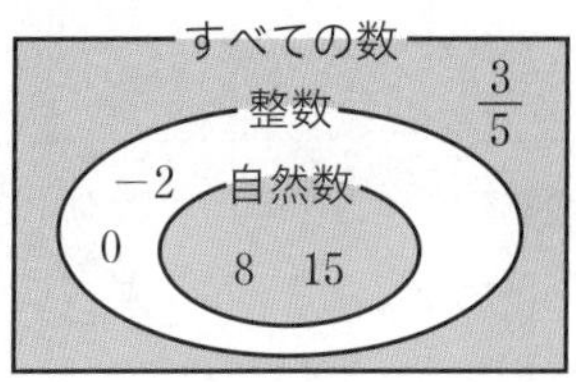

⓰ (1) $2^2\times3^2$　(2) $2^4\times3$　(3) $2^3\times3\times5$

解き方 小さい素数で順にわっていきます。

(1)
2) 36
2) 18
3) 9
　 3

(2)
2) 48
2) 24
2) 12
2) 6
　 3

(3)
2) 120
2) 60
2) 30
3) 15
　 5

p.12-13 Step 3

❶ (1) (順に) $+3$, -5 (2) -10km (3) -3, $+3$
(4) 4, 10

❷ (1) $-5<2$ (2) $-\frac{3}{8}>-\frac{7}{8}$ (3) $-4<-2<1$

❸ (1) -13 (2) -2 (3) 12 (4) $-\frac{1}{4}$ (5) 5
(6) 9

❹ (1) -21 (2) $\frac{9}{25}$ (3) -0.9
(4) -6 (5) $-\frac{3}{4}$ (6) $-\frac{7}{12}$

❺ (1) 36 (2) -2 (3) $\frac{2}{5}$ (4) -6
(5) -4 (6) 19 (7) 10 (8) 19

❻ $2^2\times3^3\times5$

❼ (1) ㋐ -15 ㋑ $+30$ ㋒ $+5$ ㋓ $+20$
(2) (式) $70+(-15+30+0+5+20)\div5$
(平均) 78 点

❽ ① ㋑ ② ㋒ ③ ㋐

解き方

❶ (1) 数直線をかき，対応する点をとって考えます。または，数直線を使わないで $-2+5$，$3-8$ の計算をしてもよいです。
(2) 単位 km を書き忘れないように注意します。
(3) 0 以外の絶対値には ＋，－ の符号の 2 つの数があります。0 の絶対値は 0 です。
(4) 自然数とは，正の整数のことであり，0 をふくみません。

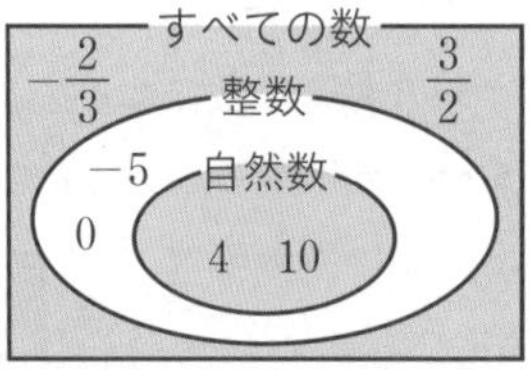

❷ 不等号の記号は，数を小さい順に並べるときには ＜ を，大きい順に並べるときには ＞ を使います。
(1) $2>-5$ (2) $-\frac{3}{8}>-\frac{7}{8}$ (3) $1>-2>-4$
3 つの数のときは，小さい数から順に並べるか，大きい数から順に並べて，不等号を使います。

❸ (4) $\left(-\frac{3}{4}\right)-\left(-\frac{1}{2}\right)=-\frac{3}{4}+\frac{1}{2}$
$=-\frac{3}{4}+\frac{2}{4}=-\frac{1}{4}$
(6) $-3+8-2+6=8+6-3-2=14-5=9$

❹ (2) － を 2 回かけるので答えの符号は ＋ です。
$\left(-\frac{3}{5}\right)^2=\left(-\frac{3}{5}\right)\times\left(-\frac{3}{5}\right)$
$=\frac{9}{25}$
(6) わる数を逆数にして，乗法に直して計算します。
$\left(-\frac{5}{4}\right)\div\frac{15}{7}=-\frac{5}{4}\times\frac{7}{15}$
$=-\frac{7}{12}$

❺ (1) － を 2 回かけるので，答えの符号は ＋ です。
(2) わる数を逆数にして，乗法に直して計算します。
$8\div(-16)\times4=8\times\left(-\frac{1}{16}\right)\times4=-2$
(5) $6\times(-3)+(-7)\times(-2)=-18+14=-4$
(6) $(9-4)\times3-2\times\{3+(-5)\}=5\times3-2\times(-2)$
$=15+4$
$=19$
(7) 分配法則を使います。
$\left(\frac{2}{3}-\frac{1}{4}\right)\times24=\frac{2}{3}\times24-\frac{1}{4}\times24$
$=16-6$
$=10$
(8) 分配法則を使います。
$20-18\times\left(\frac{5}{9}-\frac{1}{2}\right)=20-18\times\frac{5}{9}-18\times\left(-\frac{1}{2}\right)$
$=20-10+9$
$=19$
参考 (7)(8) はかっこの中を先に計算してもよいです。

❻ 小さい素数で順にわっていき，結果は累乗を使って表します。

2) 540
2) 270
3) 135
3) 45
3) 15
　 5

❼ (1) それぞれの得点から基準点の 70 点をひきます。
㋐ $55-70=-15$
㋑ $100-70=30$
㋒ $75-70=5$
㋓ $90-70=20$
(2) 5 人の得点の平均を求めるので，基準点との差の合計を 5 でわり，基準点をたすと，式は，
$70+(-15+30+0+5+20)\div5$
となります。

❽ 自然数の集合では，$3-5$ のように計算結果が負になる減法，$5\div2$ のように計算結果が正の整数にならない除法はできません。

2章 文字式

1 文字式

p.15-16 Step 2

❶ (1) $(a\times5)$ 円
(2) $(120\times x+100\times y)$ 円
(3) $(30\div a)$cm

解き方 式を（ ）でくくって数量を表す単位をつけます。
(1) 1個 a 円のケーキを5個買うときの代金は，$(a\times5)$ 円。
(2) りんごの代金…$(120\times x)$ 円
かきの代金…$(100\times y)$ 円
(3) (平行四辺形の面積)＝(底辺)×(高さ)の式から，高さを求める式を考えます。

❷ (1) $2a$　(2) $-y$　(3) $2.4x$
(4) $\frac{3}{4}x$　(5) $3xy$　(6) $-2(a-b)$
(7) $4a+b$　(8) a^3b　(9) $\frac{x}{7}$
(10) $\frac{ab}{4}$　(11) $\frac{x^2}{5}$　(12) $\frac{a+b}{3}$

解き方 (1)～(8) 記号 × を省き，文字と数との積では，数を文字の前に書きます。文字はアルファベット順に並べます。
(2) $-1y$ とは書きません。-1 の1は省いて $-y$ と書きますが，負の符号 － は省けないので注意します。
(8) 同じ文字の積を累乗の指数を使って表します。
(9)～(12) 記号 ÷ を使わずに，分数の形で書きます。
(9) $x\div7=x\times\frac{1}{7}$ なので $\frac{1}{7}x$ としてもよいです。
(12) 分数の形で表すときは，$\frac{(a+b)}{3}$ ではなく，かっこをとり $\frac{a+b}{3}$ とします。$\frac{1}{3}(a+b)$ としてもよいです。

❸ (1) $5\times x$　(2) $4\times x-3\times y$
(3) $(-3)\times b\times b$

解き方 数と文字，文字と文字の間にはいる乗法の記号 × を書き入れます。
(3) b^2 を $b\times b$ の積の形で表します。

❹ (1) $x\div6$　(2) $b\div a$
(3) $(x+y)\div4$

解き方 分子を分母でわる形の式に直します。
(3) $x+y\div4$ とするのは間違いです。分子の式をかっこでくくって，$(x+y)$ とします。分子，分母が式のときは，かっこをつけて表します。

❺ (1) ① 3　② 6　③ -5
(2) ① 11　② $-\frac{5}{2}$　③ -18
(3) ① -1　② 7　③ 10

解き方 文字に数を代入して式の値を求めるときは，× の記号を書きます。また，負の数を代入するときは，かっこをつけます。
(2) ① $(-3)\times(-3)+2=9+2=11$
② $\frac{5\times(-3)}{6}=\frac{-15}{6}=-\frac{5}{2}$
③ $(-2)\times(-3)^2=(-2)\times9=-18$
(3) ① $3\times3+2\times(-5)=9-10=-1$
② $\{3\times3-(-5)\}\div2=(9+5)\div2=7$
③ $(-5)\times3+(-5)^2=-15+25=10$

❻ (1) $10x$ 個　(2) $(1000-3a)$ 円
(3) $0.05y$ 人　(4) $0.9a$ 円
(5) ahcm^2

解き方 (2) ケーキの代金は $3a$ 円なので，おつりは，$(1000-3a)$ 円です。
(3) 5%は0.05であるから，$0.05y$ 人です。
$0.05=\frac{5}{100}=\frac{1}{20}$ より，$\frac{y}{20}$ 人または $\frac{1}{20}y$ 人と表してもよいです。
(4) 全体は10割なので，1割引くと9割の値段になります。$\frac{9}{10}a$ 円と表してもよいです。

❼ (1) A地点からC地点までの道のり
(2) C地点からB地点までの道のり

解き方 線分図に表すとわかりやすくなります。

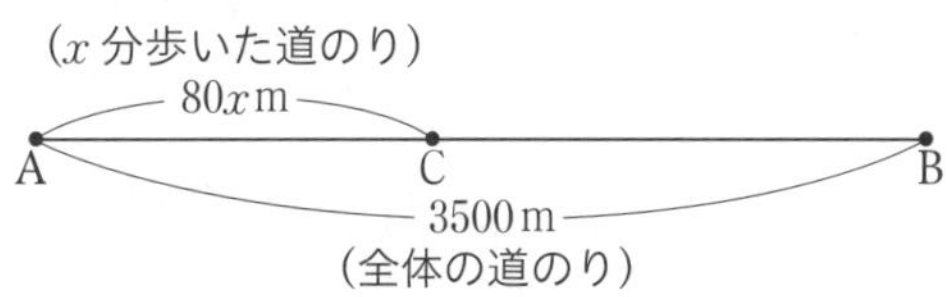

2 式の計算

p.18-19 Step 2

❶ (1) 項 $-2x$, -7　係数 -2

(2) 項 $-a$, 5　係数 -1

(3) 項 $\frac{x}{3}$, 6　係数 $\frac{1}{3}$

(4) 項 $-\frac{3}{4}y$, 1　係数 $-\frac{3}{4}$

解き方 項は，式の順に書いてもよいです。例えば (2) では，5, $-a$ のように書いてもよいです。

(2) $-a=-1\times a=(-1)\times a$ より，係数は -1 です。

(3) $\frac{x}{3}=\frac{1}{3}\times x$ より，係数は $\frac{1}{3}$ です。

❷ ㋑, ㋒

解き方 ㋐は数の項だけで，1 次の項がありません。㋓の x^2 は $x\times x$ なので 1 次の項ではないです。

❸ (1) $7x$　(2) $-2a$

(3) $-8y$　(4) $1.7x$

(5) $\frac{3}{2}y$　(6) $\frac{7}{4}a$

解き方 分配法則を使って，係数の計算をします。

(3) $-7y-y=(-7)\times y+(-1)\times y$
$=\{(-7)+(-1)\}\times y$
$=-8y$

(4) $0.5x+1.2x=(0.5+1.2)x$
$=1.7x$

(5) $\frac{5}{8}y+\frac{7}{8}y=\left(\frac{5}{8}+\frac{7}{8}\right)y$
$=\frac{12}{8}y$
$=\frac{3}{2}y$

(6) $2a-\frac{a}{4}=\frac{8}{4}a-\frac{1}{4}a$
$=\left(\frac{8}{4}-\frac{1}{4}\right)a$
$=\frac{7}{4}a$

❹ (1) $5x+7$　(2) $-3y+11$

(3) $-7x+5$　(4) $-\frac{1}{6}a+2$

解き方 文字の項どうし，数の項どうしをまとめてから計算します。

(1) $3x+2+2x+5=3x+2x+2+5$
$=5x+7$

(2) $8+2y+3-5y=2y-5y+8+3$
$=-3y+11$

(3) $-4x+7-3x-2=-4x-3x+7-2$
$=-7x+5$

(4) $\frac{1}{2}a-3+5-\frac{2}{3}a=\frac{1}{2}a-\frac{2}{3}a-3+5$
$=\frac{3}{6}a-\frac{4}{6}a-3+5$
$=-\frac{1}{6}a+2$

❺ (1) $-21a$　(2) $12x$

(3) $6y$　(4) $2x-6$

(5) $-6a-3$　(6) $-6x+4$

解き方 (1) $3\times(-7a)=3\times(-7)\times a=-21a$

(5) $(2a+1)\times(-3)=2a\times(-3)+1\times(-3)$
$=-6a-3$

(6) $-\frac{2}{3}(9x-6)=\left(-\frac{2}{3}\right)\times 9x+\left(-\frac{2}{3}\right)\times(-6)$
$=-6x+4$

❻ (1) $4a$　(2) $\frac{7}{4}x$

(3) $15b$　(4) $x+4$

(5) $-b+2$　(6) $9a-12$

解き方 (2) 同符号の 2 数の商は ＋ になるので，式の符号は正になります。

$-14x\div(-8)=\frac{(-14)\times x}{-8}=\frac{14}{8}x=\frac{7}{4}x$

(5) $(4b-8)\div(-4)=(4b-8)\times\left(-\frac{1}{4}\right)$
$=4b\times\left(-\frac{1}{4}\right)-8\times\left(-\frac{1}{4}\right)$
$=-b+2$

(6) $(15a-20)\div\frac{5}{3}=(15a-20)\times\frac{3}{5}$
$=15a\times\frac{3}{5}-20\times\frac{3}{5}$
$=9a-12$

❼ (1) $x-1$　(2) $7x+4$
(3) $a+3$　(4) $2a-28$

解き方 (1) $-($　$)$ のかたちのときは，(　) の中の項の正，負の符号を反対にして (　) をはずします。

$-(3x-2)+(4x-3)=-3x+2+4x-3$
$=x-1$

(2) $2(2x-1)+3(x+2)$
$=2\times 2x+2\times(-1)+3\times x+3\times 2$
$=4x-2+3x+6$
$=7x+4$

(3) $\frac{1}{3}(12a+3)-\frac{1}{2}(6a-4)$
$=\frac{1}{3}\times 12a+\frac{1}{3}\times 3+\left(-\frac{1}{2}\right)\times 6a+\left(-\frac{1}{2}\right)\times(-4)$
$=4a+1-3a+2$
$=a+3$

(4) $12\left(\frac{a}{3}-1\right)-8\left(\frac{a}{4}+2\right)$
$=12\times\frac{a}{3}+12\times(-1)+(-8)\times\frac{a}{4}+(-8)\times 2$
$=4a-12-2a-16$
$=2a-28$

❽ $(5x+1)$ 本

解き方 長方形が 1つ増えるごとにストローが何本増えるかを考えます。

ストローが 5本でできている

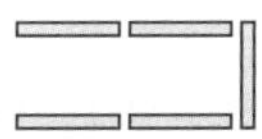

の形が x個のときのストローの数は，$5x$本となります。

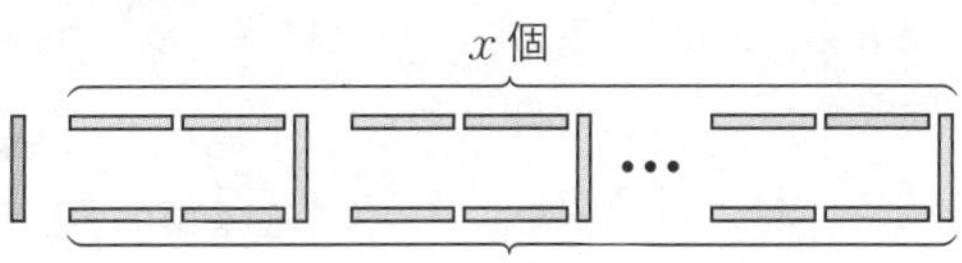

のように考えたときの，いちばん左はしの 1本を加えて，ストローの総数は $(5x+1)$ 本となります。

p.20-21 Step 3

❶ (1) $-2x$　(2) $-5(2a+7b)$　(3) $\frac{2}{3}x+3y$
(4) $-x^2y$　(5) $\frac{a}{12}$　(6) $\frac{3x-y}{4}$

❷ (1) ① $(-7)\times x$　② $5\times a\times a\times b$　③ $3\times(x-y)$
(2) ① $x\div 5$　② $3\div b$　③ $(x+y)\div 6$

❸ (1) $(3a+50)$ 円　(2) $\frac{b}{4}$ kg　(3) $(40-20x)$ km
(4) $0.3a$ 人　(5) $\frac{ab}{2}$ cm^2

❹ (1) 5 日間に読んだページ数
(2) 5 日間読んだあとの残りのページ数

❺ (1) 11　(2) $-\frac{5}{2}$　(3) 9　(4) 1　(5) -45　(6) 19

❻ (1) $-6a$　(2) $-4x+6$　(3) $2y$　(4) $2x+3$
(5) $10x$　(6) $9a+3$　(7) $9x-5$　(8) $x+30$

❼ (1) $3(x-1)$ 個
(2) (例) 右の図
(式) $(3x-3)$ 個

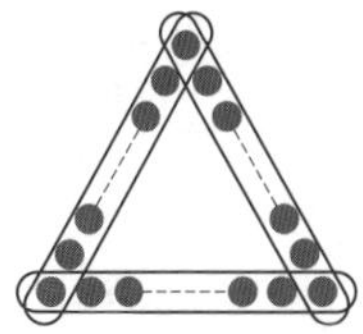

解き方

❶ 数字と文字，文字と文字の積では，乗法の記号 × を省き，数字，文字の順に書きます。
除法のときは，分数で表したり，わる数やわる文字の逆数をかける形にして，除法の記号 ÷ を省きます。
(3) $\frac{2}{3}x+3y$ は $\frac{2x}{3}+3y$ と表してもよいです。
(4) 係数の 1 は省いて，$-x^2y$ と書きます。2 種類以上の文字の積では，ふつうアルファベット順に書きます。
(6) 分数の形に書くとき，分子や分母の式にはかっこをつけません。

❷ (1) ② a^2 は $a\times a$ と表して，$5a^2b=5\times a\times a\times b$ と表します。
③ $3(x-y)$ を $3\times x-y$ のように表さないように注意します。$(x-y)$ は 1 つのまとまった数と考えましょう。
(2) ③ $x+y\div 6$ と書かないように注意します。分子の式はかっこをつけて，1 つのまとまった数と考えましょう。

❸ (1) ケーキ3個で$3a$円，箱が50円なので，代金の合計は，$(3a+50)$円となります。

(2) $b$kgのさとうを4等分するので，$b\div4=\dfrac{b}{4}$ kg

(3) 走行した道のりは$(20\times x)$kmなので，残りの道のりは，$(40-20x)$kmとなります。

(4) 30%は0.3なので，$a\times0.3=0.3a$人

(5) (三角形の面積)＝(底辺)×(高さ)÷2

より，$a\times b\div2=\dfrac{ab}{2}(\mathrm{cm}^2)$

❹ (1) 1日にxページ読むのだから，$5\times x$は5日間で読んだページ数を表します。

(2) 線分図を使って数量を表すとわかりやすいです。

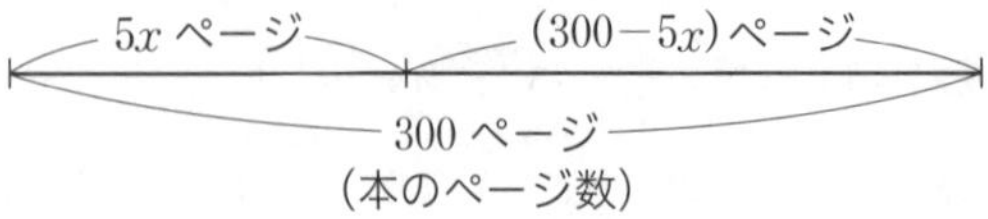

❺ 負の数を代入するときは，(　)をつけます。

(1) $4x-9=4\times5-9$

$=20-9$

$=11$

(2) $\dfrac{5}{6}y=\dfrac{5}{6}\times(-3)$

$=-\dfrac{5}{2}$

(3) $3x+2y=3\times5+2\times(-3)$

$=15-6$

$=9$

(4) $\dfrac{x+y}{2}=\{5+(-3)\}\div2$

$=2\div2$

$=1$

(5) $3xy=3\times5\times(-3)$

$=-45$

(6) $2x+y^2=2\times5+(-3)^2$

$=10+9$

$=19$

❻ (1) $3a\times(-2)=3\times a\times(-2)$

$=3\times(-2)\times a$

$=-6a$

(2) 分配法則を使います。

$-2(2x-3)=(-2)\times(2x-3)$

$=(-2)\times2x+(-2)\times(-3)$

$=-4x+6$

(3) $14y\div7=\dfrac{14y}{7}$

$=2y$

(4) わる数3の逆数$\dfrac{1}{3}$をかける形にして分配法則を使います。

$(6x+9)\div3=(6x+9)\times\dfrac{1}{3}$

$=6x\times\dfrac{1}{3}+9\times\dfrac{1}{3}$

$=6\times\dfrac{1}{3}\times x+9\times\dfrac{1}{3}$

$=2x+3$

(5) $3x+7x=(3+7)x$

$=10x$

(6) 項を並べかえてから計算します。

$2a-1+7a+4=2a+7a-1+4$

$=9a+3$

(7) $-(\quad)$のかっこをはずすときは，かっこの中の項の正，負の符号を反対にします。

$-(x+3)=-x-3$となるから，

$2(5x-1)-(x+3)=2(5x-1)+(-x-3)$

$=10x-2-x-3$

$=9x-5$

(8) 分配法則を使って，12と-6をそれぞれのかっこの中の項にかけて，かっこをはずします。

$12\left(\dfrac{x}{3}+1\right)-6\left(\dfrac{x}{2}-3\right)$

$=12\times\dfrac{x}{3}+12\times1+(-6)\times\dfrac{x}{2}+(-6)\times(-3)$

$=4x+12-3x+18$

$=x+30$

❼ (1) 1辺に碁石はx個あるから，あゆみさんの考え方では，1つの囲みには$(x-1)$個の碁石が並んでいます。囲みは3つあるので，碁石の総数は，$(x-1)\times3=3(x-1)$個と表せます。

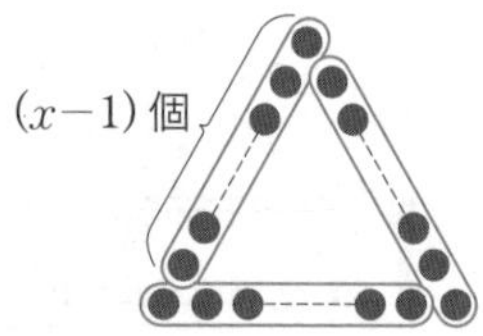

(2) 1辺に碁石はx個あるから，1つの囲みにはx個の碁石が並んでいます。囲みは3つありますが，この考え方では，各頂点の石を重ねて数えることになるから，3をひけばよいです。よって，碁石の総数は，$(3x-3)$個と表せます。

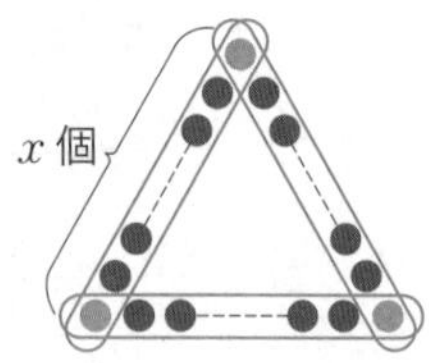

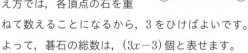

3章 1次方程式

1 方程式

p.23-24　Step 2

❶ (1) $2x-3=5$　(2) $80a+50b=800$

(3) $\frac{a}{4}<1$　(4) $1000-3x \geqq 200$

解き方 等式や不等式で表すときには，単位はつけません。

(1) ある数 x の2倍は $2x$ で，これから3をひいた数は $2x-3$ です。この数が5と等しいから，$2x-3=5$

(3)「短い」は「値が小さい」ということなので，小さい順に $\frac{a}{4}$，1と書くと，不等号は＜を使って，$\frac{a}{4}<1$ と書きます。大きい順に並べて $1>\frac{a}{4}$ と書いてもよいです。

(4) もも3個の代金は $3x$ 円なので，おつりは，$(1000-3x)$ 円となります。

❷ (1) 2　(2) 3　(3) 3

解き方 x に，1，2，3，4をそれぞれ代入して，左辺と右辺の値が等しくなるとき，等式が成り立つことから考えます。

(1) x に，2を代入します。

左辺　$3\times2-2=4$，右辺　4

で等式が成り立つから，2が解です。

(2) x に，3を代入します。

左辺　$3+1=4$，右辺　$7-3=4$

で等式が成り立つから，3が解です。

(3) x に，3を代入します。

左辺　$2\times3-5=1$，右辺　$3-2=1$

で等式が成り立つから，3が解です。

❸ (1) ①　(2) ④（または③）

解き方 (1) 2行目で，両辺に3を加えています。

(2) 2行目で，両辺を4でわっています。

両辺に $\frac{1}{4}$ をかけていると考えてもよいです。

❹ (1) $x=3$　(2) $x=6$　(3) $x=3$

(4) $x=8$　(5) $x=-\frac{1}{2}$　(6) $x=16$

解き方 どの等式の性質を使えば，左辺を x だけにして，$x=$□の形にできるかを考えます。

(1) 両辺から5をひきます。

(2) 両辺に4を加えます。

(3) 両辺に6を加えます。

(4) 両辺を3でわります。

(5) 両辺を -6 でわります。

(6) 両辺に4をかけます。

❺ (1) $x=3$　(2) $x=-3$　(3) $x=6$

(4) $x=-2$　(5) $x=4$　(6) $x=-\frac{5}{3}$

解き方 移項の考えを使います。

(1) $4x+7=19$
$4x=19-7$　（7を右辺に移項する。）
$4x=12$
$x=3$　（両辺を4でわる。）

(2) $-3x-2=7$
$-3x=7+2$　（-2 を右辺に移項する。）
$-3x=9$
$x=-3$　（両辺を -3 でわる。）

(4) $6x+5=3x-1$
$6x-3x=-1-5$　（5を右辺に，$3x$ を左辺に移項する。）
$3x=-6$
$x=-2$　（両辺を3でわる。）

(5) $-15+7x=2x+5$
$7x-2x=5+15$　（-15 を右辺に，$2x$ を左辺に移項する。）
$5x=20$
$x=4$　（両辺を5でわる。）

❻ (1) $x=5$　(2) $x=-6$

(3) $x=-1$　(4) $x=7$

解き方 分配法則を使ってかっこをはずします。

(2) $5x-9(x+3)=-3$
$5x-9x-27=-3$　（分配法則を使って，かっこをはずす。）
$-4x=-3+27$
$-4x=24$
$x=-6$　（両辺を -4 でわる。）

❼ (1) $x=-5$　(2) $x=-4$　(3) $x=-\dfrac{2}{3}$

(4) $x=-6$　(5) $x=6$　(6) $x=14$

(7) $x=\dfrac{1}{2}$　(8) $x=3$

解き方 (1)～(4) 両辺に 10，100 をかけて，すべての項の係数を整数にしてから計算します。

(5)～(8) 分母の最小公倍数を両辺にかけて，すべての項の係数を整数にしてから計算します。

(4) $0.06x-0.3=0.15x+0.24$　両辺に 100 をかける。

$6x-30=15x+24$

$6x-15x=24+30$

$-9x=54$

$x=-6$

(8) $\dfrac{x+1}{4}=\dfrac{2x-3}{3}$　両辺に 12 をかける。

$3(x+1)=4(2x-3)$

$3x+3=8x-12$

$3x-8x=-12-3$

$-5x=-15$

$x=3$

2 1次方程式の利用

p.26-27　Step ❷

❶ (1) 35 枚　(2) 12cm　(3) 12 枚

解き方 (1) 妹の折り紙の枚数を x 枚とすると，姉は $(x+10)$ 枚だから，

$x+(x+10)=80$

$2x=70$

$x=35$

(2) 縦の長さを $x$cm とすると，横の長さは $(x+4)$cm だから，

$2\times\{x+(x+4)\}=56$

$4x+8=56$

$4x=48$

$x=12$

(3) 50 円切手の枚数を x 枚とすると，120 円切手の枚数は $(20-x)$ 枚だから，

$50x+120(20-x)=1560$

$50x+2400-120x=1560$

$-70x=-840$

$x=12$

別解 切手の枚数に着目して考えてもよいです。

$x+\dfrac{1560-50x}{120}=20$

しかし，できるだけ簡単な形の方程式をつくります。

❷ 人数　13 人　　キャンディー　75 個

解き方 子どもの人数を x 人として，数量の関係を線分図に表してみましょう。

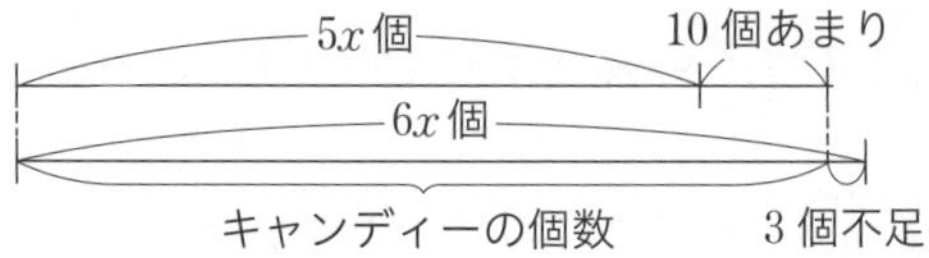

この関係から方程式をつくって解きます。

$5x+10=6x-3$

$x=13$

線分図からキャンディーの数は，5×13＋10＝75(個)

❸ (1) $280x=70(x+12)$

(2) 1120m

解き方 大地さんの歩いた道のりと，兄の進んだ道のりから方程式をつくります。

(1) 兄が追いつくまでにかかった時間を x 分とすると，その間に大地さんは $(x+12)$ 分歩いているから，大地さんの歩いた道のりは，$\{70\times(x+12)\}$m です。

兄が自転車で進んだ道のりは $(280\times x)$m で，2 人の進んだ道のりは等しいから，方程式は，

$280x=70(x+12)$ ……①

(2) ① の両辺を 70 でわって，

$4x=x+12$

$4x-x=12$

$3x=12$

$x=4$

駅までの道のりは，$280\times4=1120$(m) となります。

❹ (1) $\dfrac{3}{5}$　(2) $\dfrac{3}{4}$

(3) $\dfrac{1}{5}$　(4) 2

解き方 $a:b$ で表された比で，a を b でわったときの商 $\dfrac{a}{b}$ を比の値といいます。比の値は，小数で表すこともできるので，(1) 0.6　(2) 0.75　(3) 0.2 としてもよいです。

❺ (1) $x=6$　(2) $x=\frac{16}{5}$　(3) $x=15$

(4) $x=12$　(5) $x=\frac{3}{10}$　(6) $x=4$

解き方 比例式の性質　$a:b=m:n$ ならば $an=bm$

(1) $x:8=3:4$

$x\times4=8\times3$

$4x=24$　$x=6$

(2) $x:8=2:5$

$x\times5=8\times2$

$5x=16$　$x=\frac{16}{5}$

(3) $5:9=x:27$

$9\times x=5\times27$

（x をふくむ項を左辺にすると，計算しやすくなる。）

$9x=135$　$x=15$

(4) $8:12=x:18$

$12\times x=8\times18$

（x をふくむ項を左辺にすると，計算しやすくなる。）

$12x=144$　$x=12$

(5) $x:\frac{1}{2}=3:5$

$x\times5=\frac{1}{2}\times3$

$5x=\frac{3}{2}$　$x=\frac{3}{10}$

(6) $2:(x-3)=6:3$

$(x-3)\times6=2\times3$

$6x-18=6$

$6x=24$　$x=4$

❻ 64m

解き方 縦の長さを xm とすると，$x:80=4:5$ より，

$5x=80\times4$　$x=64$

❼ 25g

解き方 入れる食塩の量を xg とすると，

$300:x=180:15$

$180x=300\times15$　$x=25$

別解 水の重さの比と食塩の重さの比から比例式

$x:15=300:180$ をつくってもよいです。

❽ 1.5km

解き方 実際の距離を $x$cm とすると，

$6:x=1:25000$ より，$x=150000$

150000cm＝1500m＝1.5km

p.28-29 Step ❸

❶ (1) $50a+80b=1000$　(2) $3x+2>3y$

❷ (1) ㊁，$m=2$ $\left(㋒,\ m=\frac{1}{2}\right)$　(2) ㋐，$m=3$

❸ (1) $x=8$　(2) $x=-6$　(3) $x=8$　(4) $x=3$

(5) $x=5$　(6) $x=3$　(7) $x=-5$　(8) $x=9$

(9) $x=-7$

❹ (1) $a=5$　(2) 90cm　(3) 8人

❺ (1) $\frac{x}{80}+\frac{x}{60}=70$　(2) 2400m

❻ (1) $150-x=2(60+x)-30$　(2) 20枚

❼ (1) $x=9$　(2) $x=10$　(3) $x=8$

❽ (1) 56枚　(2) 5m

解き方

❶ (1) 等号 ＝ を使って関係を表します。

(2)「～より大きい」なので不等号＞か，＜を使って関係を表します。比較する数の大，小により，たとえば，「a は b より大きい」は，$a>b$ または，$b<a$ のように表します。

❷ (1) わり算は，わる数の逆数をかけることと同じなので，㋒を選び，$m=\frac{1}{2}$ としてもよいです。

❸ かっこのある式は，分配法則を使ってかっこをはずします。係数に小数をふくむ方程式では，両辺に 10，100 などをかけて，係数を整数にすると計算しやすいです。係数に分数をふくむ方程式では，両辺に分母の最小公倍数をかけて係数を整数にします。

(2) $-\frac{1}{3}x=2$

$-x=6$

（両辺に 3 をかける。）

$x=-6$

(5) $4x-9=2x+1$

$4x-2x=1+9$

（-9 を右辺に，$2x$ を左辺に移項する。）

$2x=10$

$x=5$

（両辺を 2 でわる。）

(6) $3(x-3)=-x+3$

$3x-9=-x+3$

（かっこをはずす。）

$3x+x=3+9$

（-9 を右辺に，$-x$ を左辺に移項する。）

$4x=12$

$x=3$

(7) $3.5x+1.6=0.3(9x-8)$ ┐両辺に 10 を
$35x+16=3(9x-8)$ ←かける。
$35x+16=27x-24$
$35x-27x=-24-16$
$8x=-40$
$x=-5$

(8) $\dfrac{x-3}{3}=\dfrac{x+1}{5}$ ┐3 と 5 の最小公倍数
$5(x-3)=3(x+1)$ ←15 を両辺にかける。
$5x-15=3x+3$
$2x=18$
$x=9$

(9) $\dfrac{1}{2}x-\dfrac{1}{3}=\dfrac{2}{3}x+\dfrac{5}{6}$ ┐2 と 3 と 6 の最小公倍数
$3x-2=4x+5$ ←6 を両辺にかける。
$3x-4x=5+2$
$-x=7$
$x=-7$

❹ (1) $3x+2a=4$ の解が -2 なので，$x=-2$ を代入すると，
$3\times(-2)+2a=4$
$-6+2a=4$
$2a=4+6$
$2a=10$
$a=5$

(2) 妹のリボンの長さを $x$cm とすると，姉のリボンの長さは $(x+20)$cm となります。
リボンの長さ 2m は 200cm だから，
$x+(x+20)=200$
$x=90$

(3) 子どもの人数を x 人として，線分図で表してみましょう。

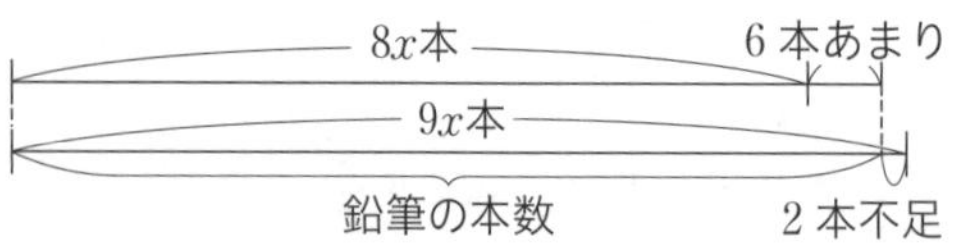

$8x+6=9x-2$ となるから，$x=8$

❺ (1) AB 間の道のりを xm とすると，
行きの時間：$\dfrac{x}{80}$(分)，帰りの時間：$\dfrac{x}{60}$(分)
往復で 1 時間 10 分 =70 分だから，
$\dfrac{x}{80}+\dfrac{x}{60}=70$ ……①

(2) ①の方程式の両辺に 240 をかけて分母をはらうと，
$3x+4x=16800$
$7x=16800$
$x=2400$

❻ (1) 姉の枚数：$(150-x)$ 枚，妹の枚数：$(60+x)$ 枚
2 人の手持ちの枚数から方程式をつくると，
$150-x=2(60+x)-30$

(2) $150-x=2(60+x)-30$
$150-x=120+2x-30$
$-x-2x=120-30-150$
$-3x=-60$
$x=20$

❼ 比例式の性質を使います。
(1) $x:12=3:4$
$x\times4=12\times3$
$4x=36$
$x=9$

(2) $4:\dfrac{1}{3}x=6:5$
$\dfrac{1}{3}x\times6=4\times5$
$2x=20$
$x=10$

(3) $\dfrac{5}{2}:2=(x-3):4$
$2\times(x-3)=\dfrac{5}{2}\times4$
$2x-6=10$
$2x=16$
$x=8$

❽ (1) 兄と弟の枚数の比が 4：3 であるから，全体は 7 となります。(全体の枚数)：(兄の枚数) で比例式をつくる。兄の枚数を x 枚とすると，
$98:x=7:4$
$x\times7=98\times4$
$7x=392$
$x=56$

(2) 木の高さを xm として比例式をつくります。
$x:8=2:3.2$
$3.2\times x=8\times2$
$x=5$

4章 比例と反比例

1 関数　2 比例

p.31-32　Step 2

❶ (1) $x \geqq 2$　(2) $x < -3$　(3) $-2 \leqq x \leqq 5$

解き方 変域を数直線上に表すとき，●はその数をふくみ，不等号を使って表すときには，≦，≧ を使います。また，○はその数をふくまず，不等号は，＜，＞ を使います。

(1) $2 \leqq x$ と表してもよいです。

❷ (1) ○　(2) ○　(3) ×

解き方 y が x の関数であるときは，x の値を決めると，それに対応する y の値がただ1つ決まります。

(1) $y=24-x$ となります。x の値に対して y の値がただ1つ決まります。

(2) $y=3x$ となります。x の値に対して y の値がただ1つ決まります。

(3) 横の長さが決まらないと，面積を決めても縦の長さは決まらないので，関数ではありません。

❸ (1) ㋐ -35　㋑ -5　㋒ 10　㋓ 75

(2) $y=5x$

(3) $-8 \leqq x \leqq 16$

(4) (例) x の値が1増加すると，y の値は5増加する。

解き方 (2) x の値が2倍，3倍，…になると y の値も2倍，3倍，…と増加するので，y は x に比例します。

$\dfrac{y}{x}=5$ より，$y=5x$

(3) 現在の水位を基準0cmとすると，水位が -40cmであるのは，$-40 \div 5=-8$ より，8分前です。

また，満水までの水位が80cmなので，$80 \div 5=16$ より，16分後です。

(4) 表から，x の値が1増加するごとに，y の値は5ずつ増加していることがわかります。

❹ (比例する関数) ㋑　(比例定数) -2

(比例する関数) ㋓　(比例定数) $\dfrac{1}{3}$

解き方 x に1，2，3などを代入したとき，y の値が2倍，3倍になるかを確かめます。比例の式が $y=ax$ と表されているとき，a の値が比例定数です。

㋓　$\dfrac{x}{3}=\dfrac{1}{3}x$ と表すことができ，比例定数は $\dfrac{1}{3}$ です。

❺ (1) $y=3x$　(2) $y=-4x$

(3) $y=\dfrac{2}{3}x$　(4) $y=-\dfrac{4}{5}x$

解き方 y が x に比例するとき，$y=ax$ と表せます。この式に，x，y の値を代入して，a の値を求めます。

(1) $12=a \times 4$ より，$a=3$

(2) $-8=a \times 2$ より，$a=-4$

(3) $2=a \times 3$ より，$a=\dfrac{2}{3}$

(4) $-4=a \times 5$ より，$a=-\dfrac{4}{5}$

❻ (1) A(4，2)　B(−3，4)

C(−5，−3)　D(0，−4)

(2)

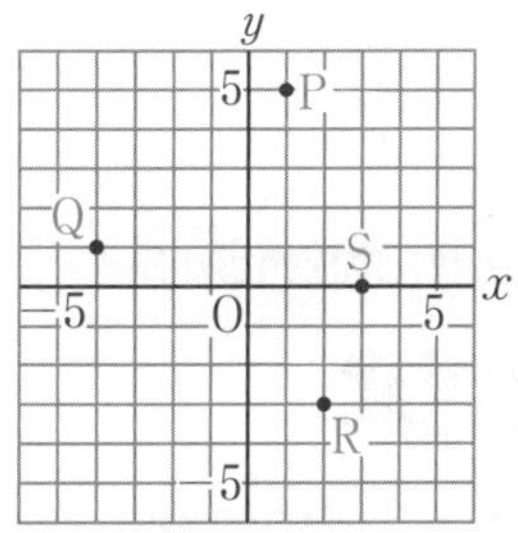

解き方 (1) 各点から，x 軸，y 軸に垂直に引いた直線が，軸と交わる点の目盛りを読み取ります。

点Aでは，x 軸の正の方向に4，y 軸の正の方向に2だけ動いた位置にあるので，座標は (4，2) となります。

(2) P(1，5) は，原点から右へ1，上へ5だけ進んだところにある点を表します。

Q(−4，1) は，原点から左へ4，上へ1だけ進んだところにある点を表します。

S(3，0) は，原点から右へ3だけ進んだところにある x 軸上の点を表します。

❼

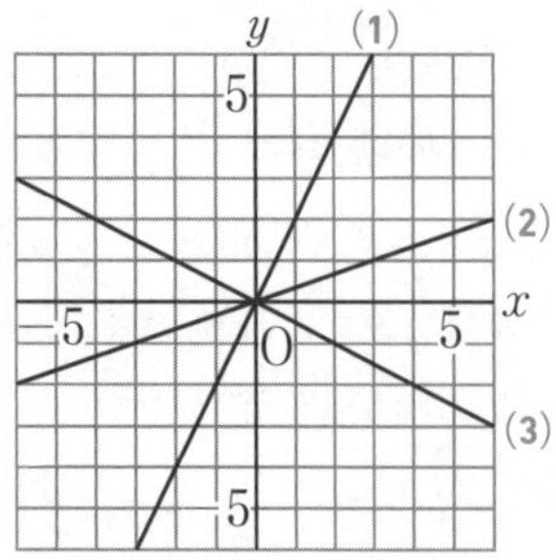

解き方 x 座標，y 座標がともに整数であるような1点を選び，その点と原点を直線で結びます。

(1) (2，4) などと原点を結びます。

(2) (3，1) などと原点を結びます。

(3) (4，−2) などと原点を結びます。

❽ (1) 負の数　　(2) $y=-\dfrac{3}{5}x$

解き方 (1) 比例の式で，x の値が増加したとき，

・y の値が増加するとき，
　比例定数は正で，グラフは右上がり。

・y の値が減少するとき，
　比例定数は負で，グラフは右下がり。

(2) 比例の式 $y=ax$ に，$x=-5$，$y=3$ を代入して，a を求めます。

$3=a\times(-5)$ より，$a=-\dfrac{3}{5}$

3 反比例　4 比例と反比例の利用

p.34-35　Step❷

❶ (1) $y=\dfrac{18}{x}$，○　　(2) $y=8x$，×

(3) $y=\dfrac{2}{x}$，○

解き方 ともなって変わる2つの変数 x，y の関係が，$y=\dfrac{a}{x}$ の式で表されるとき，y は x に反比例するといいます。

(1) (道のり)＝(速さ)×(時間) より，$18=x\times y$ と表されるから，$y=\dfrac{18}{x}$ となり，反比例の式です。

(2) (長方形の面積)＝(縦の長さ)×(横の長さ) より，$y=8\times x$ と表されるから，比例の式です。反比例しません。

(3) $\dfrac{2}{x}=y$ と表されるから，反比例の式です。

❷ ㋑，8　　㋒，−12　　㋓，−3

解き方 反比例の式は $y=\dfrac{a}{x}$ で表されます。

また，この反比例の式は，$xy=a$ のように積の形で表すこともできます。

❸ (1) $y=\dfrac{24}{x}$　　(2) $y=-\dfrac{18}{x}$

解き方 反比例の式 $y=\dfrac{a}{x}$ に x，y の値を代入して，a の値を求めます。

(1) $8=\dfrac{a}{3}$ より，$a=24$

(2) $-3=\dfrac{a}{6}$ より，$a=-18$

❹ (1) ㋐ 19.2　㋑ 16　㋒ 12　㋓ 9.6
　㋔ 8　㋕ 6

(2) $y=\dfrac{96}{x}$

(3) いえる

解き方 (1)(2) 三角形の面積は，

(底辺)×(高さ)÷2 で求められるから，$\dfrac{1}{2}xy=48$

これより，$y=\dfrac{96}{x}$

この式に，x の値を代入して，対応する y の値を求めます。

(3) $y=\dfrac{a}{x}$ の式で表されるから，y は x に反比例するといえます。

❺ (1) A(4，3)　　(2) $y=\dfrac{12}{x}$

解き方 (2) 反比例の式 $y=\dfrac{a}{x}$ に，(1) で求めた x 座標，y 座標の値を代入し，a の値を求めます。

$3=\dfrac{a}{4}$ より，$a=12$

❻

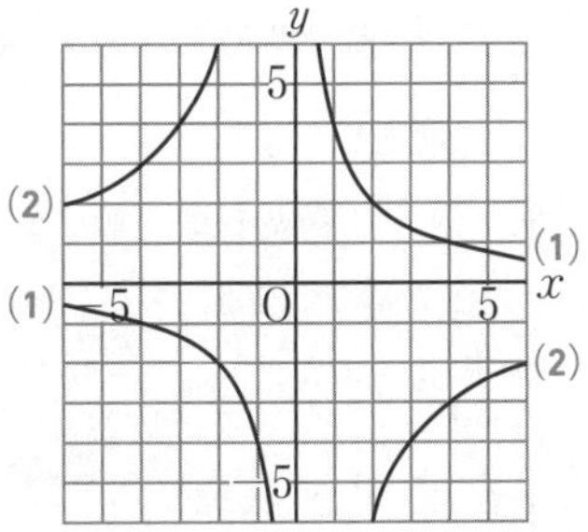

解き方 $y=\dfrac{a}{x}$ のグラフは，双曲線とよばれる曲線になります。

(1) 点 (1, 4), (2, 2), (4, 1) をとって，$x>0$ の部分のグラフをかきます。

次に，点 (−1, −4), (−2, −2), (−4, −1) をとって，$x<0$ の部分のグラフをかきます。

(2) 点 (2, −6), (3, −4), (4, −3), (6, −2) をとって，$x>0$ の部分のグラフをかきます。

次に，点 (−2, 6), (−3, 4), (−4, 3), (−6, 2) をとって，$x<0$ の部分のグラフをかきます。

❼ (1) $y=16x$　(2) 3m

解き方 (1) 比例の式 $y=ax$ に，$x=4$，$y=64$ を代入して，a の値を求めます。

$64=a\times4$　$a=16$

(2) $y=16x$ に $y=48$ を代入して，x の値を求めます。

$48=16x$

$x=3$

❽ (1) $y=\dfrac{600}{x}$　(2) 12cm　(3) 24g

解き方 (1) てんびんの左右がつり合っているときには，つるしたおもりの重さと支点からの距離の積が一定になります。$xy=30\times20$ より，

$y=\dfrac{600}{x}$ ……①

(2) ①に，$x=50$ を代入すると，

$y=\dfrac{600}{50}$

$=12$

(3) ①に，$y=25$ を代入すると，

$25=\dfrac{600}{x}$

$x=\dfrac{600}{25}$

$=24$

p.36-37　Step ❸

❶ (1) ○　(2) △　(3) ×　(4) ×

❷ (1) $y=2x$　(2) $y=-\dfrac{16}{x}$

❸ (1) A(4，3)　B(−1，4)

(2) ㋐ $y=\dfrac{3}{4}x$　㋑ $y=-\dfrac{3}{2}x$　㋒ $y=\dfrac{4}{x}$

㋓ $y=-\dfrac{4}{x}$

(3) ㋐ 6　㋑ −12　㋒ $\dfrac{1}{2}$　㋓ $-\dfrac{1}{2}$

❹ (1) $y=\dfrac{3}{50}x$　(2) 120g　(3) $0\leqq y\leqq12$

❺ (1) $y=\dfrac{40}{x}$　(2) 8

❻ (1) $y=\dfrac{120}{x}$　(2) 3 回転　(3) 24

❼ (1) $y=32x$　(2) 2 秒後　(3) $0\leqq x\leqq6$

(4) $0\leqq y\leqq192$

解き方

❶ 比例の式は $y=ax$，反比例の式は $y=\dfrac{a}{x}$ の形で表すことができます。

(1) $y=70x$ と表すことができ，比例の式です。

(2) 5m を x 等分するので $y=\dfrac{5}{x}$ と表すことができ，反比例の式です。

(3) 数量の関係は，$2(x+y)=30$ より，$y=15-x$ と表せますが，これは比例の式でも反比例の式でもありません。

(4) 数量の関係は，$y=200x+50$ のように表せますが，これは比例の式でも反比例の式でもありません。

❷ (1) 比例の式 $y=ax$ に x と y の値を代入して，比例定数 a の値を求めます。

$6=a\times3$ より，$a=2$

(2) 反比例の式 $y=\dfrac{a}{x}$ に x と y の値を代入して，比例定数 a の値を求めます。

$-8=\dfrac{a}{2}$ より，$a=-16$

❸ (1) 各点から，x 軸，y 軸に垂直に引いた直線が，それぞれの軸と交わる点の目盛りの数値を読み取ります。A は，原点から右へ 4，上に 3 だけ進んだ点だから，座標は (4, 3) です。

Bは，原点から左へ1，上へ4だけ進んだ点だから，
座標は$(-1,\ 4)$
座標は2つの数の組で，次のように表します。
(x座標，y座標)
(2) yをxの式で表すには，次の手順で考えます。
① グラフが通る点のうち，x座標，y座標がともに整数である点の座標を求める。
② その点のx座標，y座標の値を比例のグラフならば$y=ax$，反比例のグラフならば$y=\frac{a}{x}$のx，yに代入して，aの値を求める。
③ yをxの式で表す。
㋐原点を通る直線であるから，比例のグラフです。グラフは点A$(4,\ 3)$を通るので，$y=ax$に，$x=4$，$y=3$を代入して，
$3=a\times4$，$a=\frac{3}{4}$　よって，$y=\frac{3}{4}x$
㋑原点を通る直線であるから，比例のグラフです。グラフは$(2,\ -3)$を通るので，$y=ax$に，$x=2$，$y=-3$を代入して，
$-3=a\times2$，$a=-\frac{3}{2}$　よって，$y=-\frac{3}{2}x$
㋒双曲線であるから，反比例のグラフです。グラフは$(2,\ 2)$を通るので，$y=\frac{a}{x}$に，$x=2$，$y=2$を代入して，
$2=\frac{a}{2}$，$a=4$　よって，$y=\frac{4}{x}$
㋓双曲線であるから，反比例のグラフです。グラフは点B$(-1,\ 4)$を通るので，$y=\frac{a}{x}$に，$x=-1$，$y=4$を代入して，
$4=\frac{a}{-1}$，$a=-4$　よって，$y=-\frac{4}{x}$
(3) (2)で求めた式に$x=8$を代入し，yの値を求めます。

4 (1) 比例の式$y=ax$に，$x=50$と$y=3$を代入して，比例定数aの値を求めます。
$3=a\times50$より，$a=\frac{3}{50}$
したがって，$y=\frac{3}{50}x$ ……①
小数を使って，$y=0.06x$と表してもよいです。
(2) ①の式のyにのびの7.2を代入すると，
$7.2=\frac{3}{50}x$より，$x=120$
(3) ①の式$y=\frac{3}{50}x$は比例定数が0より大きいので，xが増加すると，yも増加します。
したがってxが最小値のときyも最小値，xが最大値のときyも最大値となります。
$x=0$のとき，$y=\frac{3}{50}\times0=0$
$x=200$のとき，$y=\frac{3}{50}\times200=12$
したがって，
$0\leqq x\leqq200$のとき，$0\leqq y\leqq12$

5 (1) (ひし形の面積)＝(対角線)×(対角線)÷2
$\frac{1}{2}xy=20$より，$y=\frac{40}{x}$ ……①
(2) ①の式に$x=5$を代入すると，
$y=\frac{40}{5}=8$

6 (1) かみ合っている歯車どうしでは，それぞれの歯車の歯の数と回転数の積は同じ値になります。
歯車Aは，30×4
かみ合っている歯車は，xy
この値が等しいから，
$xy=30\times4$より，
$y=\frac{120}{x}$ ……①
(2) ①の式のxに40を代入すると，
$y=\frac{120}{40}=3$
(3) ①の式のyに5を代入すると，
$5=\frac{120}{x}$
$x=24$

7 (1) x秒後に，APの長さは$4x$cmになります。
よって，三角形ABPの面積yは，
$y=4x\times16\div2$
$y=32x$ ……①
(2) ①の式のyに64を代入すると，
$64=32x$
$x=2$
(3) $0\leqq4x\leqq24$より，$0\leqq x\leqq6$
(4) $y=32x$で，
$x=0$のとき，$y=0$
$x=6$のとき，$y=192$
したがって，$0\leqq y\leqq192$

▶ 本文 p.39

5章 平面図形

1 いろいろな角の作図①

p.39 Step ❷

❶ (1)

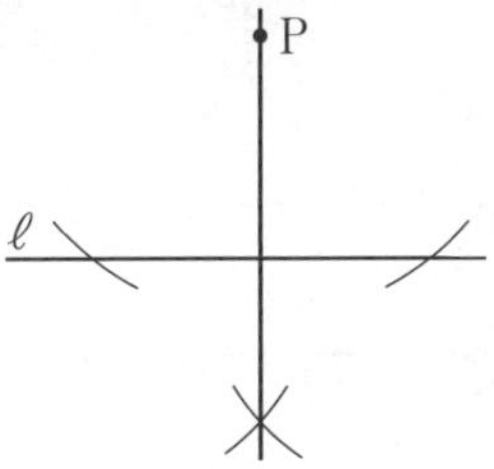

(2)

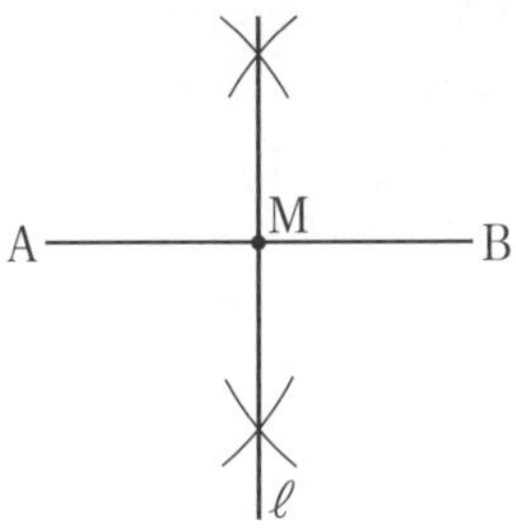

解き方 定規とコンパスだけを使って，作図します。作図のときにかいた線は消さないようにしましょう。

(1) 作図例の手順

①P を中心として円をかき，ℓ との交点をそれぞれ A，B とする。

②2 点 A，B を中心として，等しい半径の円をそれぞれかき，点 P 以外の交点を Q とする。

③ 直線 PQ を引く。

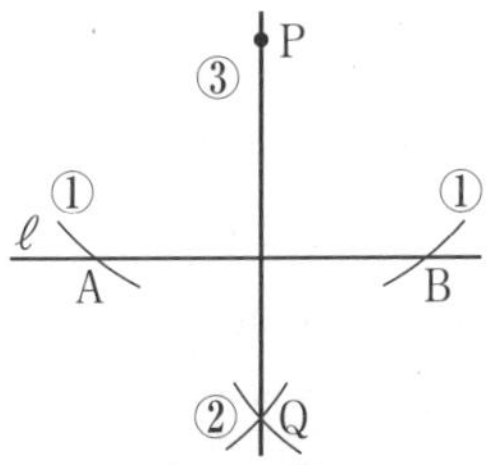

(2) 作図例の手順

①2 点 A，B を中心として，等しい半径の円をそれぞれかき，2 つの交点をそれぞれ C，D とする。

② 直線 CD を引く。

③ 直線 CD と線分 AB との交点を M とする。

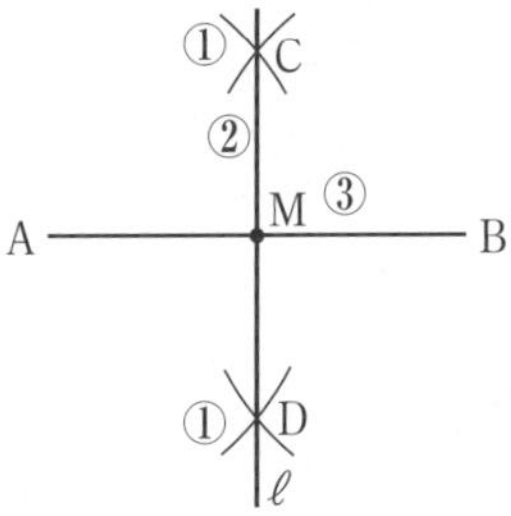

❷

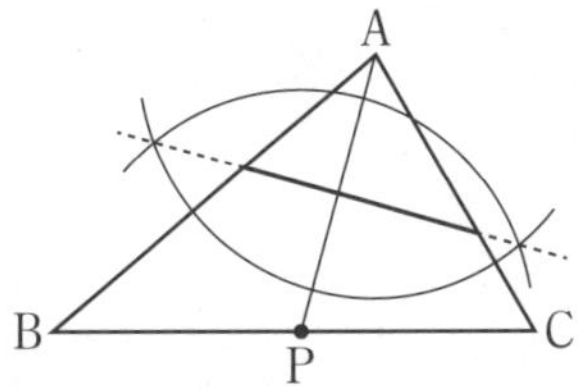

解き方 頂点 A が辺 BC 上の点 P と重なるように折るときの折り目は，頂点 A と点 P を結ぶ線分 AP の中点(M とする)を通ります。また，線分 AM と線分 PM がぴったりと重ならなければならないので，折り目は，線分 AP に対して，垂直に交わらなければなりません。

これらのことから，頂点 A が辺 BC 上の点 P と重なるように折るときの折り目は，線分 AP の垂直二等分線となります。

作図例の手順

① 頂点 A と点 P を結ぶ。

②2 点 A，P を中心として，等しい半径の円をそれぞれかき，交点をそれぞれ Q，R とする。

③ 直線 QR を引く。

(求める折り目は，直線 QR の実線部分です。)

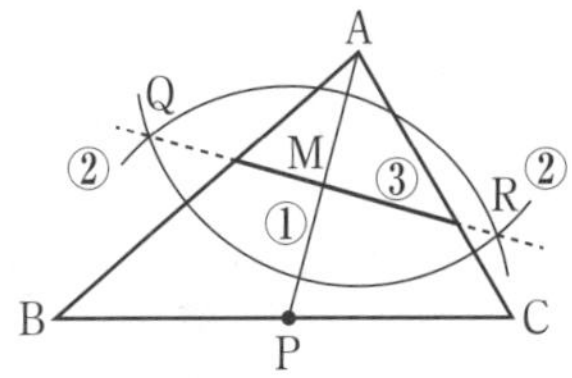

❸

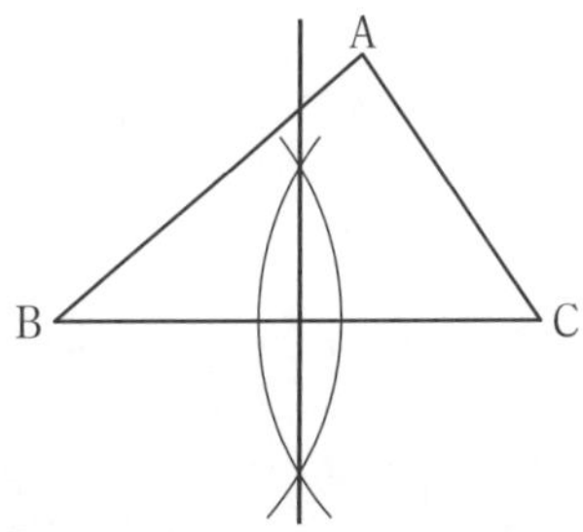

解き方 垂直二等分線のかき方にしたがって，作図をしていきます。

作図例の手順

① 頂点 B を中心として，適当な大きさの半径の円をかく。

② 頂点 C を中心として，① と等しい半径の円をかき，それらの交点をそれぞれ P，Q とする。

③ 直線 PQ を引く。

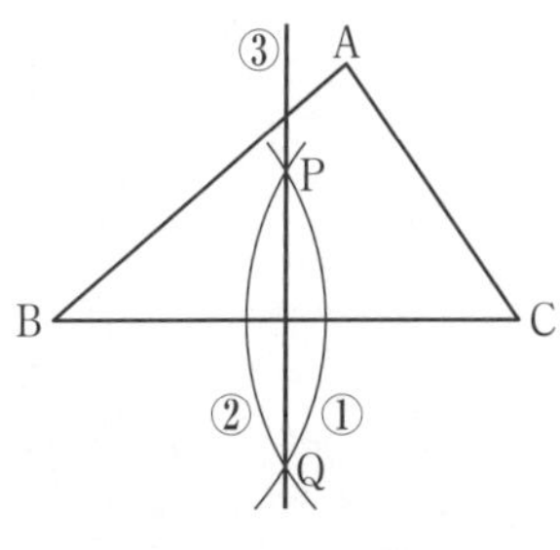

▶ 本文 p.39，41

❹

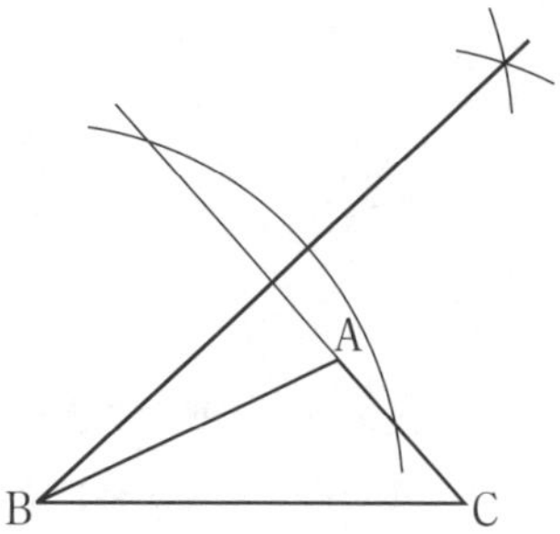

解き方 辺 AC 上にない点 B を通る，辺 AC の垂線の作図です。

作図例の手順

① 辺 AC を延長する。頂点 B を中心として円をかき，半直線 CA との交点を P，Q とする。

②2 点 P，Q を中心として，等しい半径の円をそれぞれかき，点 B 以外の交点を R とする。

③ 半直線 BR を引く。

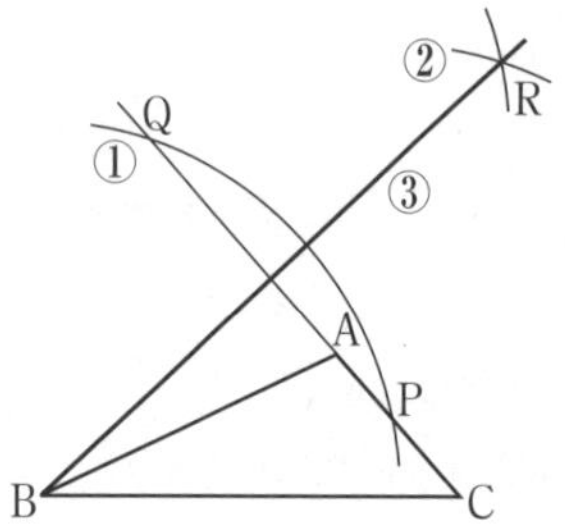

1 いろいろな角の作図②

p.41 **Step❷**

❶(1)

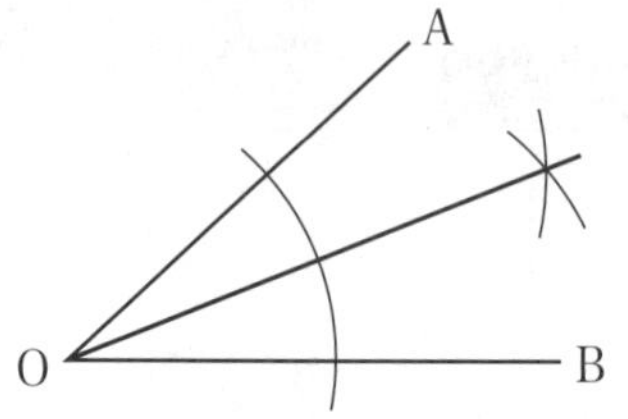

(2)

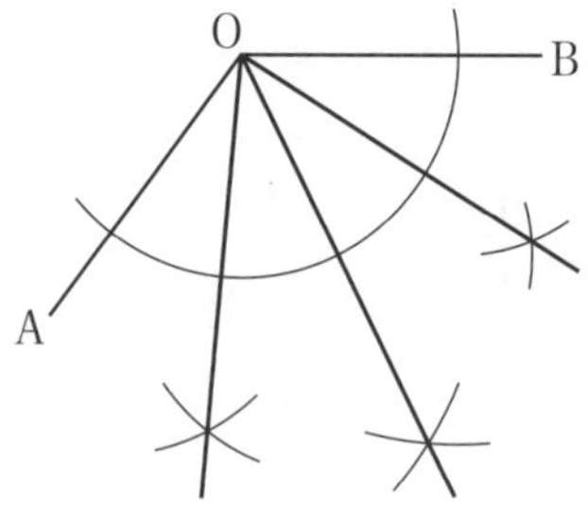

解き方 (1) 作図例の手順

① 点 O を中心として円をかき，線分 OA，OB との交点をそれぞれ C，D とする。

②2 点 C，D を中心として，等しい半径の円をそれぞれかき，交点の 1 つを P とする。

③ 半直線 OP を引く。

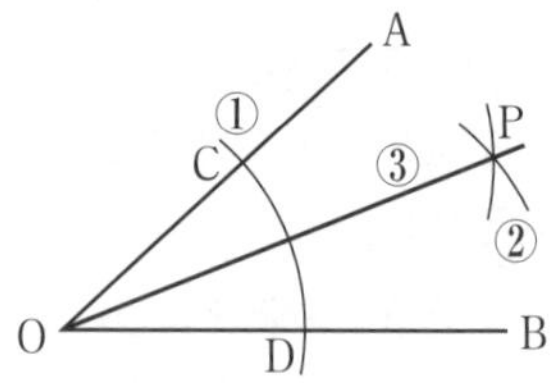

(2) 作図例の手順

①(1) の作図例と同様に，∠AOB の二等分線 OP を引く。

② ∠AOP の二等分線 OQ を引く。

③ ∠BOP の二等分線 OR を引く。

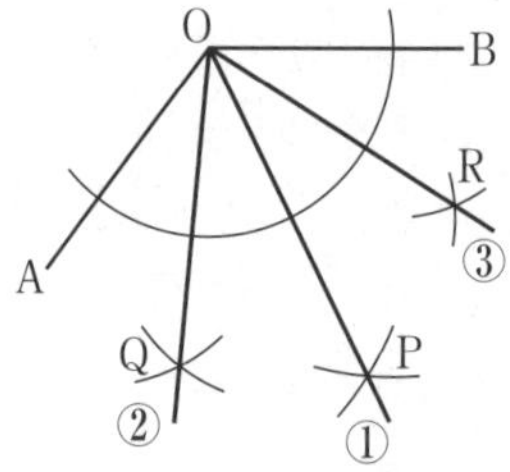

❷

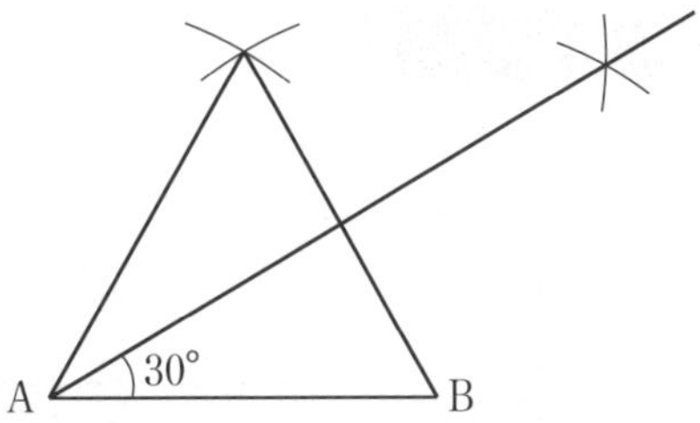

解き方 正三角形の１つの角は 60° であることから，30° の角の作図を考えます。

正三角形の作図例の手順

①２点 A，B を中心として，線分 AB の長さを半径とする円をそれぞれかき，交点の１つを C とする。

② 点 A と点C，点B と点 C をそれぞれ結ぶ。

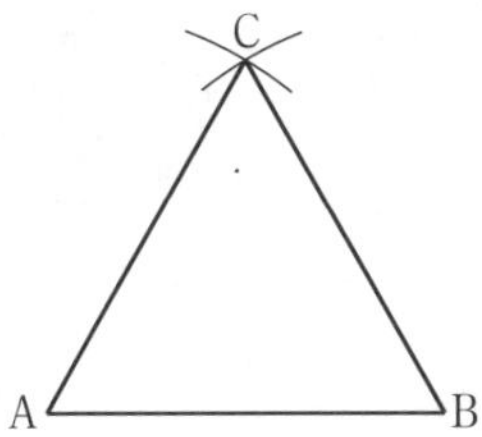

30° の角の作図例の手順

①２点 B，C を中心として，等しい半径の円をそれぞれかき，交点の１つを P とする。

② 半直線 AP を引く。

正三角形の１つの角は 60° であるから，

∠PAC＝∠PAB＝30°

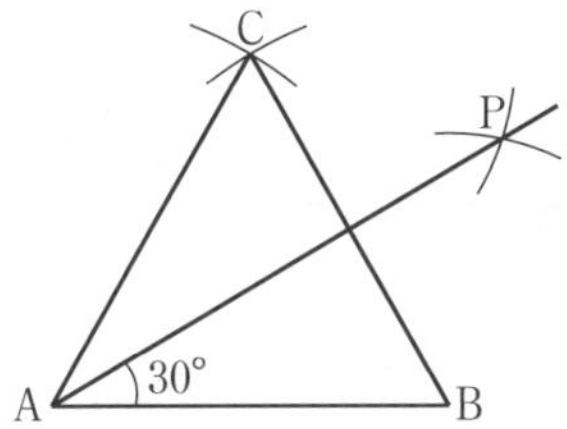

❸ △BEA，△CEA

解き方 AE＝ED，AD∥BC であるから，

△CDE＝△CEA＝△BEA

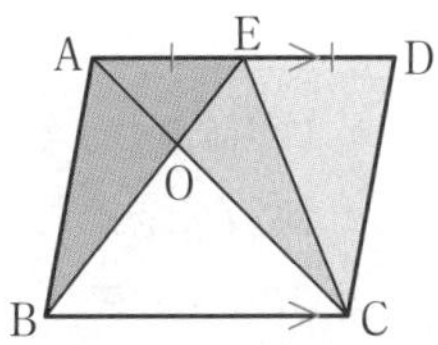

❹ (1) 直線 n　　(2) 90°　　(3) 弦 AC

解き方 (1) 円と直線とが１点で交わるとき，その直線を円の接線といいます。円 O と１点で交わっているのは，直線 n です。

(2) 円の接線は，その接点を通る半径に垂直なので，∠ACD は 90° です。

(3) 弦 AC は点 O を通っているので，円 O の直径です。直径は，長さが最も長い弦なので，弦 AC は弦 BC よりも長くなります。

2 図形の移動

p.43 **Step ❷**

❶ (1)

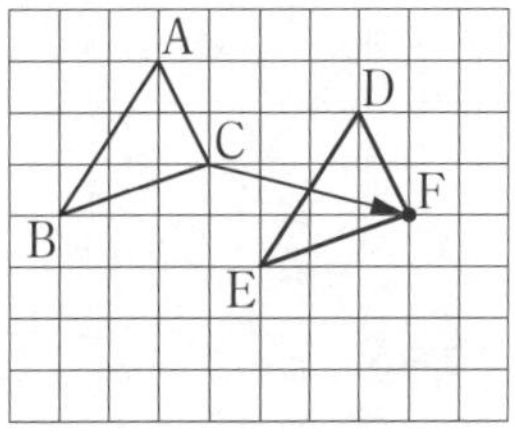

(2) AB＝DE，AB∥DE

解き方 (1) 矢印の先端が頂点 F になります。頂点 C から下方向に１目盛り分，右方向に４目盛り分動いた位置になります。頂点 A，B についても同じ目盛り分動かして，頂点 D，E の位置を決めます。

(2) 平行移動では，対応する線分は平行であり，長さが等しいです。

❷ (1)

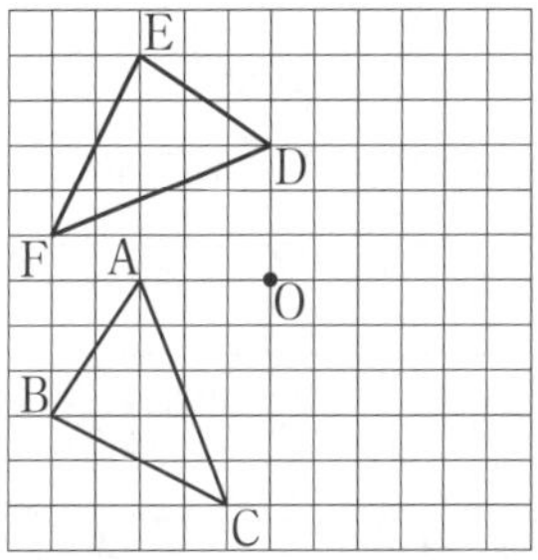

(2)

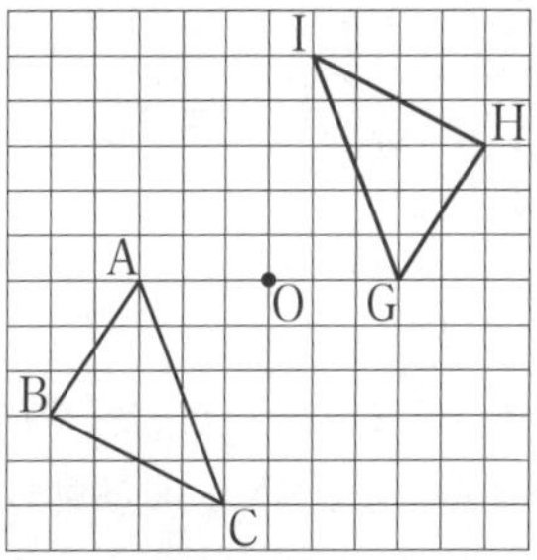

解き方 (1)(2) 点B の移動先である点E，点H は次のようにして求めます。

① 点 O を中心として，半径 OB の円をかく。

② 三角定規の直角を利用して，点 O を通り，直線 OB に垂直な線を引き，① の円周との交点が E，半直線 BO と ① の円周との交点が H である。

点A，点C の移動先も同様にして求めます。

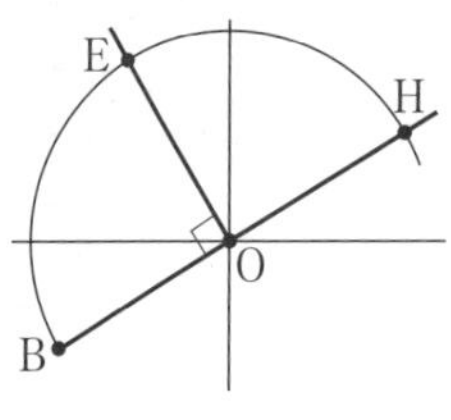

❸ (1)

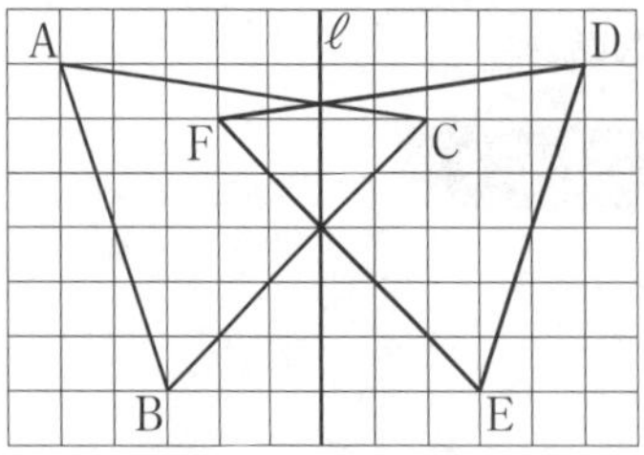

(2) 垂直二等分線

解き方 (2) 線分 AD と直線 ℓ との交点を M とすると，
AM＝DM，AD ⊥ ℓ
となります。

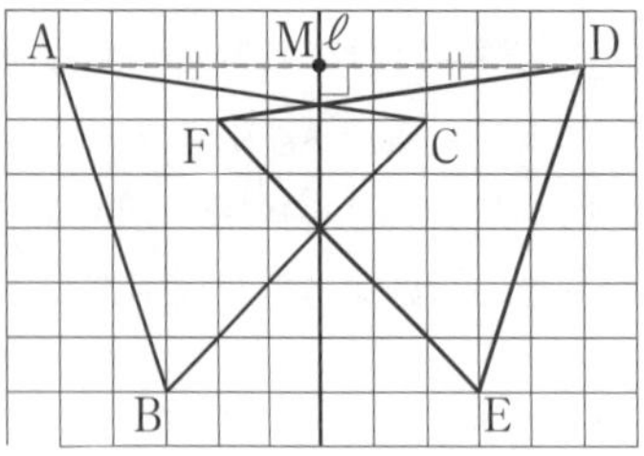

❹ (1) ④　　(2) ⑧

解き方 (1) 直線 PR を対称の軸として ① を対称移動したとき，点 A は点 B へ，点 S は点 Q へ移動します。

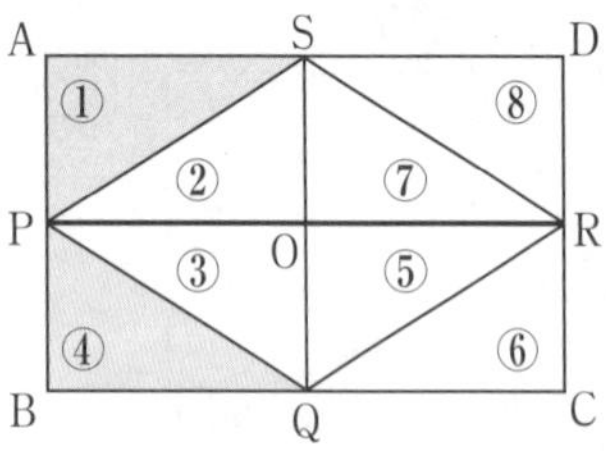

(2) 1 つの点を中心として 180°回転させる移動を，点対称移動といいます。
最初の点対称移動で，点 A は点 C へ，点 P は点 R へ，点 S は点 Q へ移動するから ① は ⑥ に移動します。
さらに，次の対称移動で，点 C は点 D へ，点 Q は点 S へ移動するから ⑥ は ⑧ に移動します。

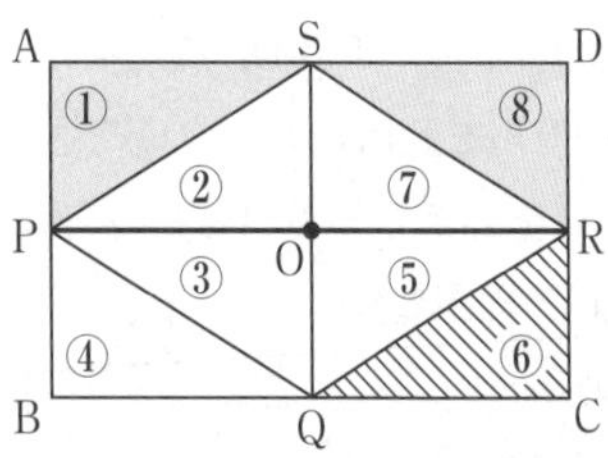

p.44-45　Step ❸

❶ (1) 半直線 PQ　(2) ℓ∥m　(3) ℓ ⊥ OP　(4) $\overset{\frown}{AB}$

❷ (1)

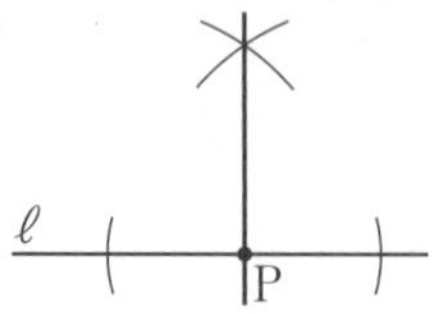

(2)

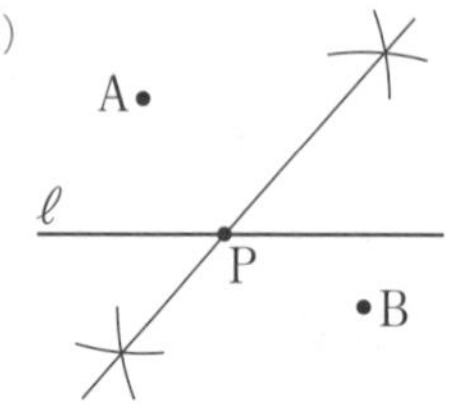

(3)

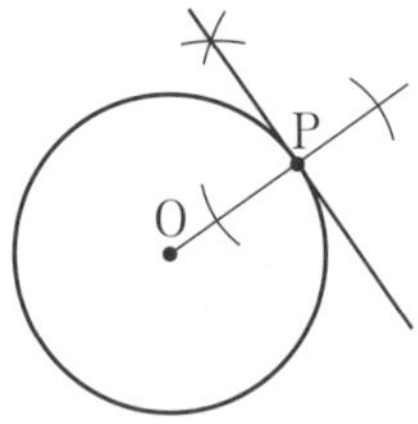

(4)

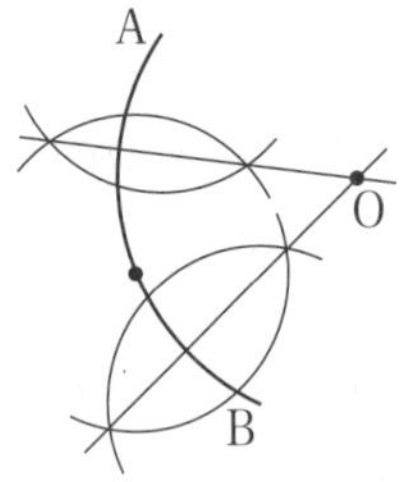

❸

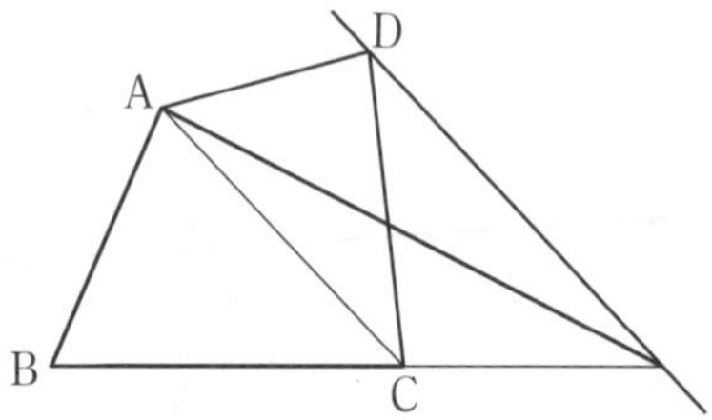

❹ (1) ⑥　(2) ⑥

(3)　[対称]移動　　[平行]移動
① ――→ [②] ――→ ⑩

解き方

❶ (1) まっすぐな線で，両端がなく，両方向に限りなくのびているのが直線，両端があるのが線分，端が 1 つあるのが半直線です。
(2) m∥ℓ と表してもよいです。
(3) OP⊥ℓ と表してもよいです。
(4) $\overset{\frown}{BA}$ と表してもよいです。

❷ (1) 作図例の手順
① 点 P を中心として円をかき，ℓ との交点をそれぞれ A，B とする。

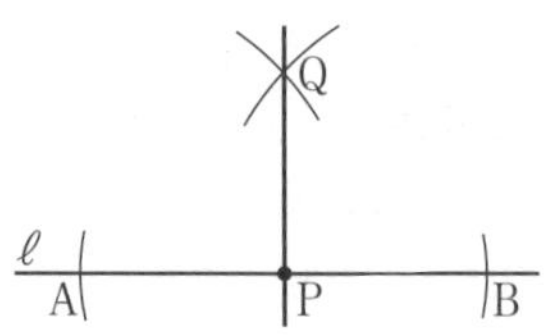

②2 点 A，B を中心として，等しい半径の円をそれぞれかき，交点の 1 つを Q とする。
③ 直線 PQ を引く。
(2) 線分 AB の垂直二等分線上の点が 2 点 A，B から等しい距離にあることを利用する。

作図例の手順

①2 点 A，B を中心として，等しい半径の円をそれぞれかき，2 つの交点をそれぞれ C，D とする。

② 直線 CD を引き，ℓ との交点を P とする。

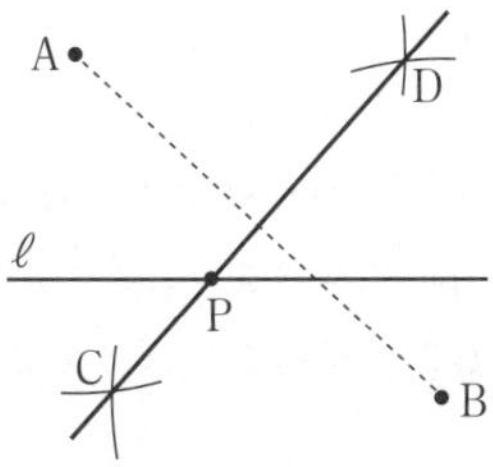

(3) 円の接線は，接点を通る半径に垂直であることから，点 P を通り，半径 OP に垂直な直線を作図します。

作図例の手順

① 半直線 OP を引く。

② 点 P を中心として円をかき，半直線 OP との 2 つの交点をそれぞれ A，B とする。

③2 点 A，B を中心として，等しい半径の円をそれぞれかき，交点の 1 つを Q とする。

④ 直線 PQ を引く。

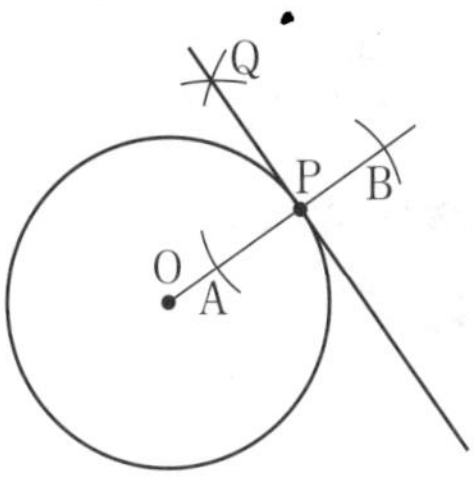

(4) 円の中心から円周上の点の距離(半径)は一定だから，円の弦の垂直二等分線が円の中心を通る性質を利用した作図を考えます。

作図例の手順

① $\overset{\frown}{AB}$ 上に点 C を適当な位置にとる。

② 線分 AC の垂直二等分線 PQ を作図する。

③ 線分 BC の垂直二等分線 RS を作図する。

④ 直線 PQ，RS の交点が円の中心 O である。

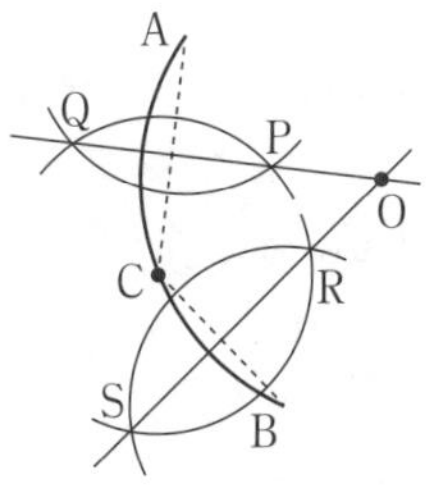

注意点 A と点 C，点 B と点 C を直線で結ぶ必要はありません。なお，2 つの弦は，どのように選んでもよいです。

参考 実際に点 O を中心にして円をかくと，右の図のようになります。

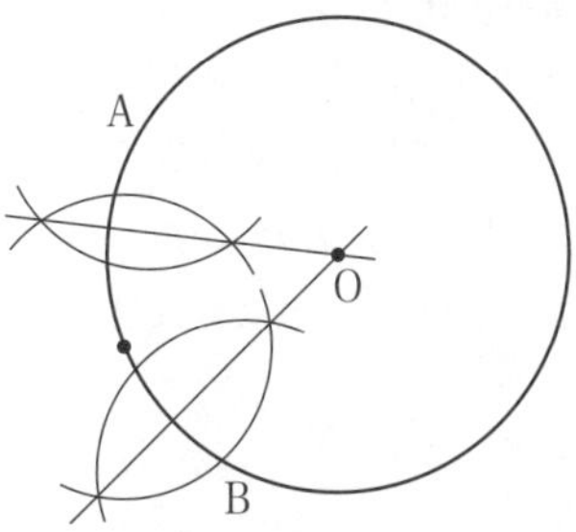

❸ 作図例の手順

① 点 A と点 C を結ぶ。

② 点 D を通る線分 AC の平行線を引き，辺 BC の延長との交点を E とする。

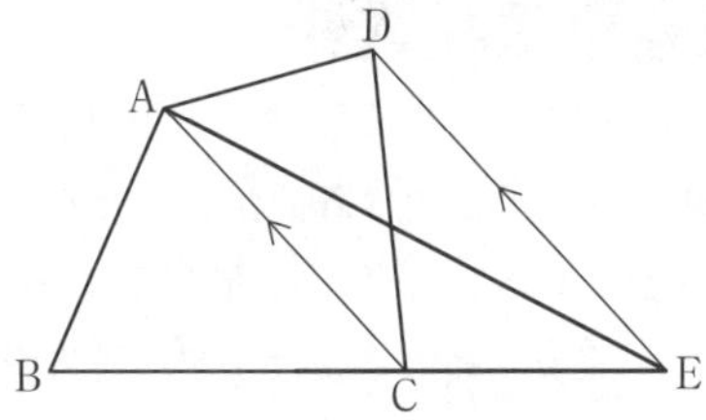

△DAC と △ECA は，AC∥DE だから，底辺 AC が共通で高さが等しいので，△DAC＝△ECA となる。

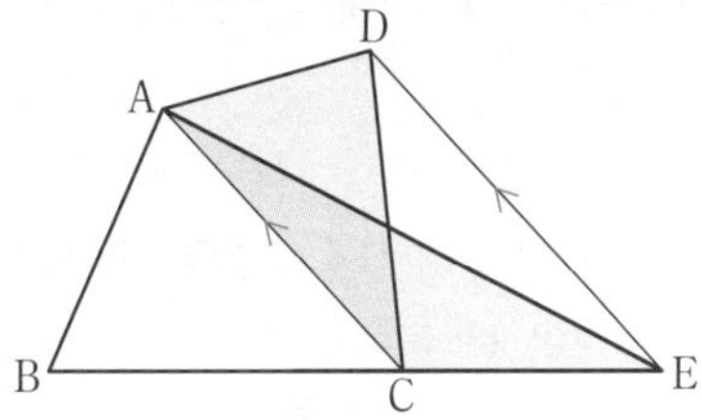

四角形 ABCD

＝△ABC＋△DAC

＝△ABC＋△ECA

＝△ABE

したがって，△ABE が求める三角形になります。

❹ (3) ⑩ の図形が ① の図形の裏返しになっていることから，2 つの移動のうち，1 つは対称移動であることに着目します。

※解答例以外に，次のような移動も正解です。

解答例 1

① —対称移動→ ⑥ —平行移動→ ⑩

解答例 2

① —対称移動→ ⑦ —点対称移動→ ⑩

(回転の中心は，線分 OC の中点)

解答例 3

① —点対称移動→ ④ —対称移動→ ⑩

(回転の中心は，線分 OA の中点)

解答例 4

① —平行移動→ ⑨ —対称移動→ ⑩

6章 空間図形

1 空間図形の見方

p.47-48 Step ❷

❶ (1) 正四角錐　(2) 三角柱　(3) 正四面体

解き方 角柱，円柱では底面が 2 つあり，角錐，円錐では底面は 1 つです。底面の形が正 n 角形のときは，正 n 角柱，正 n 角錐と名づけます。正方形は，正四角形として考えます。
(1) 正方形 1 つ ➡ 正方形が底面の角錐
(2) 三角形 2 つ ➡ 三角形が底面の角柱
(3) 4 つの合同な三角形で囲まれている立体

❷ (1) 半球　(2) 三角柱

解き方 ふつうに扱われる立体の投影図では，底面が立面図あるいは平面図(多くの場合，平面図)に表されることが多いことに着目します。
(1) では円が，(2) では三角形が，平面図に表されています。

❸ (見取図)

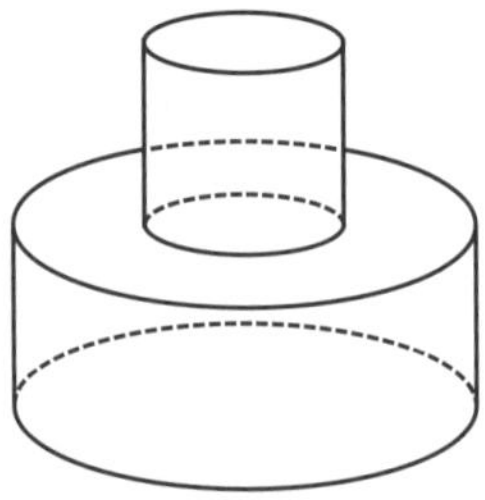

(投影図)

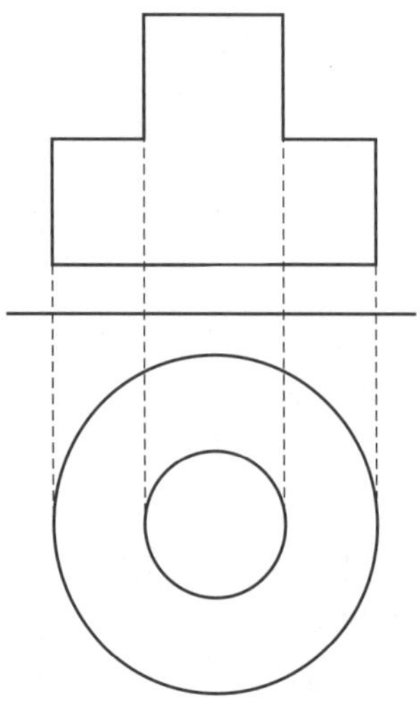

解き方 (見取図) 図形を上下に重ねた 2 つの長方形に分けて考えます。1 辺が回転軸にある長方形の回転体は円柱になります。
(投影図) 円柱は上から見ると円，正面から見ると長方形になります。(寸法はコンパスを使って移します。なお，解答の図は，実際の寸法です。)

❹ (1) $\ell /\!/ m$　(2) 線分 AC

解き方 (1) 平行な 2 平面に，別の平面が交わってできる 2 つの交線は平行になります。
(2) 2 平面が平行であるとき，一方の平面上の点から他方の平面上に引いた垂線の長さが，2 平面の距離になります。

❺ (1) 正四角柱　(2) 高さ

解き方 多角形や円を，その図形に垂直な方向に動かすと，その図形を底面とする角柱や円柱ができます。

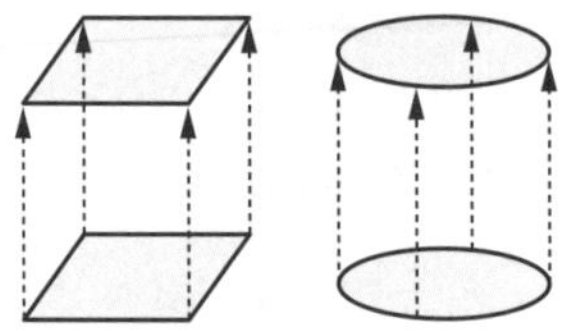

❻ (1) ㋐円錐　㋑円柱　㋒球
(2) 母線

解き方 (1) それぞれの形に画用紙を切りぬいて，ストローにはり，ストローを回転させるとどうなるかをイメージします。
(2) 円柱や円錐で側面をえがく線分を円柱や円錐の母線といいます。

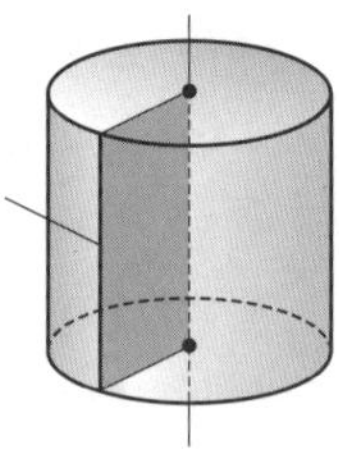

❼ ㋒

解き方 展開図では，どれか 1 つの面を底面として組み立て，重なる面があるかどうかを調べます。
㋒の展開図は，組み立てると，右の図の斜線の部分が重なってしまい，立方体にはなりません。

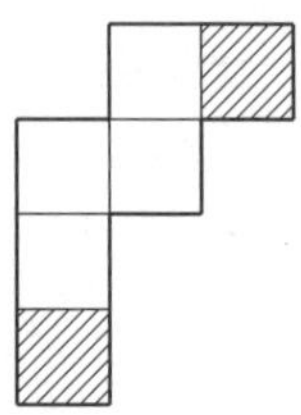

2 図形の計量

p.50-51 Step 2

❶ (1) 72cm^2　(2) $20\pi\text{cm}^2$
(3) 210cm^2　(4) 96cm^2

解き方 (1) 側面積は，$5\times(5+4+3)=60(\text{cm}^2)$

底面積は，$\frac{1}{2}\times4\times3=6(\text{cm}^2)$

表面積は，$60+6\times2=72(\text{cm}^2)$

(2) 側面積は，$3\times2\pi\times2=12\pi(\text{cm}^2)$

底面積は，$\pi\times2^2=4\pi(\text{cm}^2)$

表面積は，$12\pi+4\pi\times2=20\pi(\text{cm}^2)$

(3) 側面積は，$10\times(3+3+5+7)=180(\text{cm}^2)$

底面積は，$\frac{1}{2}\times(3+7)\times3=15(\text{cm}^2)$

表面積は，$180+15\times2=210(\text{cm}^2)$

(4) 側面積は，$\frac{1}{2}\times6\times5\times4=60(\text{cm}^2)$

底面積は，$6\times6=36(\text{cm}^2)$

表面積は，$60+36=96(\text{cm}^2)$

❷ 円周の長さ $16\pi\text{cm}$　面積 $64\pi\text{cm}^2$

解き方 半径 r の円において，

(円周の長さ)$=2\pi r$，(円の面積)$=\pi r^2$

であるから，半径 r に 8 を代入します。

円周の長さは，$2\times\pi\times8=16\pi(\text{cm})$

円の面積は，$\pi\times8^2=64\pi(\text{cm}^2)$

❸ 弧の長さ $5\pi\text{cm}$　面積 $15\pi\text{cm}^2$

解き方 弧の長さは，$2\times\pi\times6\times\frac{150}{360}=5\pi\ (\text{cm})$

面積は，$\pi\times6^2\times\frac{150}{360}=15\pi\ (\text{cm}^2)$

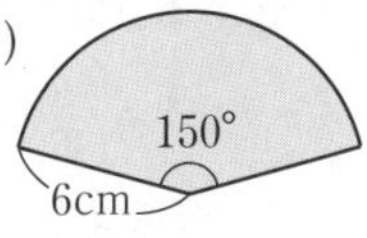

❹ (1) $20\pi\text{cm}^2$　(2) $16\pi\text{cm}^2$　(3) $36\pi\text{cm}^2$

解き方 側面の展開図は，半径 5cm のおうぎ形で，その弧の長さは底面の半径 4cm の円周の長さに等しい。側面になるおうぎ形の $\overset{\frown}{\text{AB}}$ は，底面の円 O′ の円周の長さに等しいから，

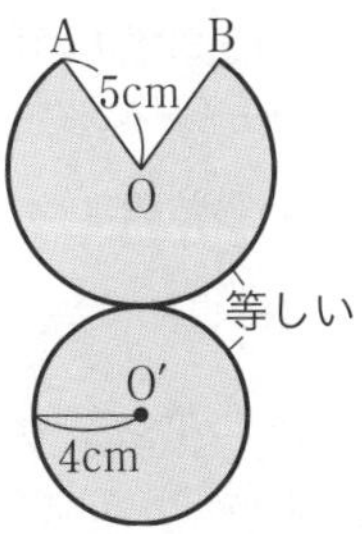

$2\times\pi\times4=8\pi(\text{cm})$

また，円 O の円周は，$2\times\pi\times5=10\pi(\text{cm})$

$\overset{\frown}{\text{AB}}$ は，円 O の円周の $\frac{8\pi}{10\pi}$ です。

(1) 側面になるおうぎ形の中心角は，

$360°\times\frac{8\pi}{10\pi}=288°$

側面積は，$\pi\times5^2\times\frac{288}{360}=20\pi\ (\text{cm}^2)$

(2) 底面積は，$\pi\times4^2=16\pi(\text{cm}^2)$

(3) 表面積は，$20\pi+16\pi=36\pi(\text{cm}^2)$

❺ (1) $63\pi\text{cm}^3$　(2) 240cm^3
(3) 400cm^3　(4) $12\pi\text{cm}^3$

解き方 (1) 体積は，$\pi\times3^2\times7=63\pi\ (\text{cm}^3)$

(2) 底面積は，2 つの三角形の面積の和になります。

体積は，

$$\left(\frac{1}{2}\times10\times3+\frac{1}{2}\times10\times5\right)\times6=40\times6$$
$$=240(\text{cm}^3)$$

(3) 底辺の 1 辺が 10cm，高さが 12cm の正四角錐です。

体積は，$\frac{1}{3}\times10\times10\times12=400(\text{cm}^3)$

(4) 体積は，$\frac{1}{3}\times\pi\times3^2\times4=12\pi\ (\text{cm}^3)$

❻ (1) 体積 $972\pi\text{cm}^3$　表面積 $324\pi\text{cm}^2$
(2) 体積 $18\pi\text{cm}^3$　表面積 $27\pi\text{cm}^2$
(3) 体積 $\frac{128}{3}\pi\text{cm}^3$　表面積 $48\pi\text{cm}^2$

解き方 半径 r の球の体積を V，表面積を S とすると，

$V=\frac{4}{3}\pi r^3$，$S=4\pi r^2$

(1) 体積は，$\frac{4}{3}\pi\times9^3=972\pi\ (\text{cm}^3)$

表面積は，$4\pi\times9^2=324\pi(\text{cm}^2)$

(2) 体積は，$\frac{1}{2}\times\frac{4}{3}\pi\times3^3=18\pi\ (\text{cm}^3)$

表面積は，$\frac{1}{2}\times4\pi\times3^2=18\pi\ (\text{cm}^2)$，

$\pi\times3^2=9\pi(\text{cm}^2)$，$18\pi+9\pi=27\pi(\text{cm}^2)$

(3) 図のおうぎ形を，AO を軸として回転させると，半径 4cm の半球ができます。

体積は，$\frac{1}{2}\times\frac{4}{3}\pi\times4^3=\frac{128}{3}\pi\ (\text{cm}^3)$

表面積は，$\frac{1}{2}\times4\pi\times4^2=32\pi\ (\text{cm}^2)$，

$\pi\times4^2=16\pi(\text{cm}^2)$，$32\pi+16\pi=48\pi(\text{cm}^2)$

p.52-53 Step ❸

❶ (1) 辺 EF (2) 面 ABCD，面 EFGH
(3) 辺 AB，辺 EF (4) 4 本

❷ (1)（右の図）

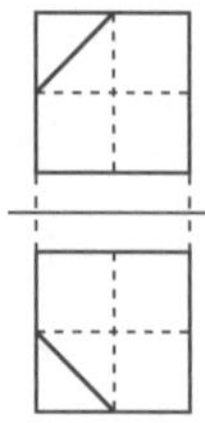

(2) 四角柱 (3) 正六角錐
(4) 円錐（または正四角錐）

❸ (1) 正四面体 (2) 正五角柱
(3) 正三角柱 (4) 正四角錐

❹ (1) ㋐ 108cm^2 ㋑ 48cm^3
(2) ㋐ 360cm^2 ㋑ 400cm^3
(3) ㋐ $112\pi\text{cm}^2$ ㋑ $160\pi\text{cm}^3$
(4) ㋐ $96\pi\text{cm}^2$ ㋑ $96\pi\text{cm}^3$

❺ ㋐ $100\pi\text{cm}^2$ ㋑ $\dfrac{500}{3}\pi\ \text{cm}^3$

❻ (1) 円錐 (2) $16\pi\text{cm}$ (3) 288° (4) $160\pi\text{cm}^2$
(5) $256\pi\text{cm}^3$

❼ 60cm^2

解き方

❶ (1) 辺 CD は延長すると辺 AB の延長と交わります。
(3) 点 B において，面 BFGC 上にある辺 BF，辺 BC と辺 BA は交わり，BA⊥BF，BA⊥BC だから，辺 BA は面 BFGC と垂直です。点 F においても同様に考えます。
(4) 空間内で，2 直線が平行でもなく，交わりもしないとき，ねじれの位置にあるといいます。辺 AB，AD，EF，EH が辺 CG とねじれの位置にあります。

❷ (1) 3 つの辺の中点を通る平面で切った立体で，正面から見て左上すみ，真上から見て左下すみが切り取られています。
(4) 投影図に二等辺三角形が現れる可能性があるのは，底面が二等辺三角形の三角柱，三角錐，正四角錐，円錐などです。三角柱では，長方形が現れます。三角錐では，頂点と底面の頂点を結ぶ線分が現れます。

❸ (1) 合同な正三角形 4 つで囲まれた立体なので正四面体です。
(2) 底面は正五角形➡正五角柱
(3) 底面は正三角形➡正三角柱
(4) 底面は正方形（正四角形）➡正四角錐

❹ (2) 表面積は，
$10\times13\times\dfrac{1}{2}\times4+10\times10=360(\text{cm}^2)$
(4) 展開図は，おうぎ形と円になります。側面のおうぎ形の弧の長さは底面の円の円周の長さに等しいです。
おうぎ形の面積は，$\pi\times10^2\times\dfrac{2\pi\times6}{2\pi\times10}(\text{cm}^2)$

❺ 半径は 5cm です。
㋐ $4\times\pi\times5^2=100\pi(\text{cm}^2)$
㋑ $\dfrac{4}{3}\times\pi\times5^3=\dfrac{500}{3}\pi\ (\text{cm}^3)$
$\dfrac{500\pi}{3}$ と表してもよいです。

❻ (1) 図に点線で示した上半分の回転体を考えます。
(2) 円錐で，側面のおうぎ形の弧の長さは，底面の円の円周の長さに等しいです。
$2\times\pi\times8=16\pi(\text{cm})$
(3) **(2)** と同様，側面になるおうぎ形の弧の長さは，底面の円の円周の長さに等しいです。
側面になるおうぎ形の中心角は，
$360^\circ\times\dfrac{2\pi\times8}{2\pi\times10}=288^\circ$
参考次のように考えてもよいです。
1 つの円では，中心角の大きさと弧の長さは比例します。おうぎ形の弧と母線の長さを半径とする円で，中心角と弧の長さについて，中心角を x° として，比例式をつくると，
$x:360=(2\times\pi\times8):(2\times\pi\times10)$
$=4:5$
$x=\dfrac{360\times4}{5}=288$
(4) **(3)** よりおうぎ形の中心角は 288° だから，面積は，
$\pi\times10^2\times\dfrac{288}{360}=80\pi(\text{cm}^2)$
おうぎ形は上下 2 つあるから，表面積は，
$80\pi\times2=160\pi(\text{cm}^2)$

❼ 水の部分は，右の図の三角錐の形になります。

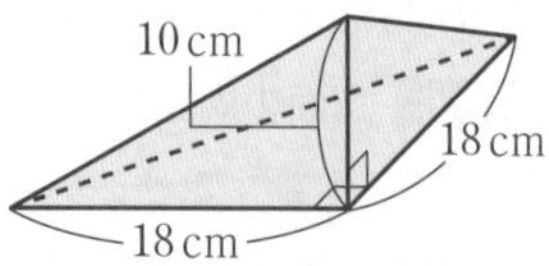

この体積は，
$18\times18\times\dfrac{1}{2}\times10\times\dfrac{1}{3}=540(\text{cm}^3)$
したがって，円柱形の容器の底面積は，
$540\div9=60(\text{cm}^2)$

7章 データの活用

1 データの傾向の調べ方　2 データの活用

p.55 Step 2

❶ (1) 19.6 °C　(2) 3 °C　(3) (下の図)

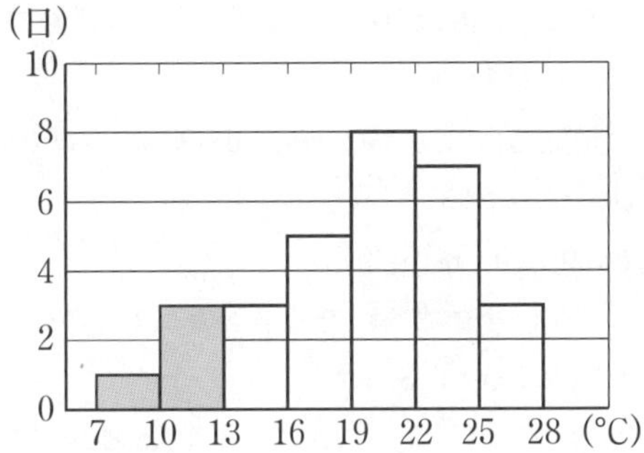

(4) ㋐ 0.10, ㋑ 0.27, ㋒ 0.90

(5) 中央値 20.4 °C, 最頻値 20.5 °C,
平均値 19.4 °C

解き方 (1) (範囲)＝(最大値)－(最小値)より, データの最大値は 27.2 °C, 最小値は 7.6 °C なので,
27.2－7.6＝19.6(°C)
よって, 範囲は 19.6 °C です。

(2) 10－7＝3(°C) より, それぞれの区間の幅は 3 °C になっています。

(3) それぞれの階級の度数に注意してグラフをかきます。

(4) ㋐表より, 10 °C 以上 13 °C 未満の階級の度数は 3 日, 度数の合計は 30 日だから,

$\frac{3}{30}=0.10$

よって, ㋐は 0.10 です。

㋑表より, 19 °C 以上 22 °C 未満の階級の度数は 8 日だから,

$\frac{8}{30}=0.266\cdots$

よって, 小数第三位を四捨五入して, 小数第二位まで求めると, ㋑は 0.27 です。

㋒最小の階級から, 22 °C 以上 25 °C 未満の階級までの相対度数を加えていくと,
0.03＋0.1＋0.1＋0.17＋0.27＋0.23＝0.90
よって, ㋒は 0.90 です。

参考 (ある階級の相対度数)＝$\frac{(その階級の度数)}{(総度数)}$

(5) 中央値　データの総数が奇数個のときは, 大きさの順に並べた中央の値で, 偶数個のときは, 中央の 2 つの値の合計を 2 でわった値となります。
ここでは, データの総数が 30 なので, 15 番目と 16 番目の値が中央の 2 つとなり, この 2 つの値の合計を 2 でわった値を求めます。
(20.3＋20.5)÷2＝20.4(°C)

最頻値　度数でもっとも大きいのは 8 であるから, その階級値 20.5 °C が最頻値です。

平均値　(データの値の合計)÷(データの総数)で求めます。
ここでは, 度数分布表から平均値を求めるので, データの値は, すべてその階級の階級値であると考えて, {(階級値)×(度数)}の合計を度数の合計でわって求めます。
{(階級値)×(度数)}の合計は 582.0, 度数の合計は 30 であるから,
582.0÷30＝19.4(°C)

❷ (1) ㋐ 0.19　㋑ 0.17　㋒ 0.16　㋓ 0.16　㋔ 0.17
㋕ 0.17

(2) 0.17

解き方 (1) (1 の目が出た相対度数)
＝(1 の目が出た回数)÷(投げた回数)
であるから,
㋐ 19÷100＝0.19
㋑ 34÷200＝0.17
㋒ 49÷300＝0.163… → 0.16
㋓ 65÷400＝0.1625 → 0.16
㋔ 84÷500＝0.168 → 0.17
㋕ 169÷1000＝0.169 → 0.17

(2) さいころを投げる回数を多くすると, 次第に, 一定の値に近づくと考えられるので, 投げた回数のいちばん多い場合の相対度数を確率と考えます。

▶ 本文 p.56

p.56 **Step 3**

❶ (1) ㋐12　㋑9　㋒0.24　㋓0.10　㋔1.00
㋕93.6　㋖77.4

(2)
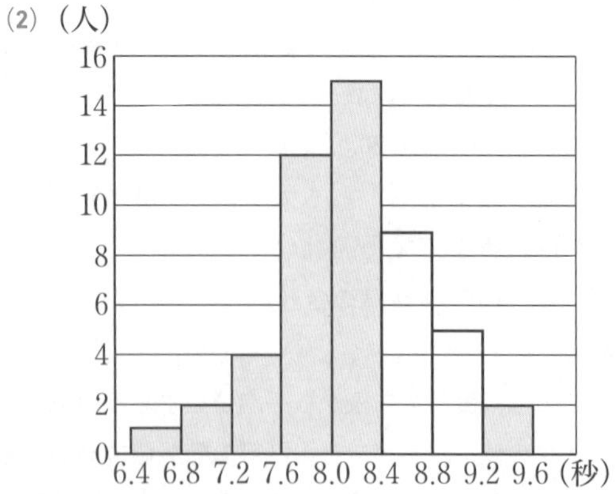

(3) ①2.9 秒　②8.3 秒　③8.2 秒　④8.2 秒
(4) 14%

❷ 0.4

❸ (1) ×　(2) ○　(3) ×

解き方

❶ (1) ㋐ヒストグラムから読み取る。

㋑(ある階級の相対度数) $= \dfrac{(\text{その階級の度数})}{(\text{総度数})}$

より，㋑に入る値を a とすると，

$0.18 = \dfrac{a}{50}$

$a=9$

㋒ $12 \div 50 = 0.24$

㋓ $5 \div 50 = 0.10$

㋔ 1 と表してもよいです。相対度数の総和はつねに 1 です。

㋕ $7.8 \times 12 = 93.6$

㋖ $8.6 \times 9 = 77.4$

(3) ① $9.4-6.5=2.9$(秒)

② データの総数が奇数個のときは，大きさの順に並べた中央の値で，偶数個のときは，中央の 2 つの値の合計を 2 でわった値となります。

ここでは，データの総数が 50 なので，25 番目と 26 番目の値が中央の 2 つとなり，この 2 つの値の合計を 2 でわった値を求めます。

$(8.3+8.3) \div 2 = 8.3$(秒)

③ 度数でもっとも大きいのは 15 であるから，その階級値 8.2 秒が最頻値です。

④(データの値の合計) ÷ (データの総数)
で求めます。

ここでは，度数分布表から平均値を求めるので，データの値は，すべてその階級の階級値であると考えて，{(階級値) × (度数)}の合計を度数の合計でわって求めます。

{(階級値) × (度数)}の合計は 408.0，度数の合計は 50 であるから，

$408.0 \div 50 = 8.16$(秒)

よって，小数第二位を四捨五入して，小数第一位まで求めると，8.2 秒

(4) 最小の階級から，7.2 秒以上 7.6 秒未満の階級までの相対度数を加えて，百分率に直します。

$(0.02+0.04+0.08) \times 100 = 14$(%)

参考　累積相対度数の表は次のようになります。

階級(秒)	階級値(秒)	度数(人)	相対度数	累積相対度数
以上　未満				
6.4 ～ 6.8	6.6	1	0.02	0.02
6.8 ～ 7.2	7.0	2	0.04	0.06
7.2 ～ 7.6	7.4	4	0.08	0.14
7.6 ～ 8.0	7.8	12	0.24	0.38
8.0 ～ 8.4	8.2	15	0.30	0.68
8.4 ～ 8.8	8.6	9	0.18	0.86
8.8 ～ 9.2	9.0	5	0.10	0.96
9.2 ～ 9.6	9.4	2	0.04	1.00
計		50	1.00	

❷ ビールの王冠を 800 回投げたら，320 回表が出たので，求める確率は，

$\dfrac{320}{800} = 0.4$

❸ (1) 表と裏の出る確率は同じであるように考えられるが，将棋の駒が立つ(表でも裏でもない状態)こともあるので，$\dfrac{1}{2}$ より小さくなります。

(2) 正しくつくられたさいころでは，どの目が出ることも同様に $\dfrac{1}{6}$ と考えられます。

(3) 非常に多くの回数を投げると，表と裏の出る回数はほぼ同じになると考えられるが，必ず同じ回数になるとはいえません。

テスト前 ☑ やることチェック表

① まずはテストの目標をたてよう。頑張ったら達成できそうなちょっと上のレベルを目指そう。
② 次にやることを書こう（「ズバリ英語〇ページ，数学〇ページ」など）。
③ やり終えたら□に✓を入れよう。
最初に完ぺきな計画をたてる必要はなく，まずは数日分の計画をつくって，
その後追加・修正していっても良いね。

目標

	日付	やること 1	やること 2
2週間前	／	□	□
	／	□	□
	／	□	□
	／	□	□
	／	□	□
	／	□	□
	／	□	□
1週間前	／	□	□
	／	□	□
	／	□	□
	／	□	□
	／	□	□
	／	□	□
	／	□	□
テスト期間	／	□	□
	／	□	□
	／	□	□
	／	□	□
	／	□	□

QRコードのページに登録すると，「ぴたリンク」からも表をダウンロードできるよ

テスト前 ✓ やることチェック表

① まずはテストの目標をたてよう。頑張ったら達成できそうなちょっと上のレベルを目指そう。
② 次にやることを書こう（「ズバリ英語〇ページ，数学〇ページ」など）。
③ やり終えたら□に✓を入れよう。
最初に完ぺきな計画をたてる必要はなく，まずは数日分の計画をつくって，
その後追加・修正していっても良いね。

目標

	日付	やること 1	やること 2
2週間前	/	□	□
	/	□	□
	/	□	□
	/	□	□
	/	□	□
	/	□	□
	/	□	□
1週間前	/	□	□
	/	□	□
	/	□	□
	/	□	□
	/	□	□
	/	□	□
	/	□	□
テスト期間	/	□	□
	/	□	□
	/	□	□
	/	□	□
	/	□	□

キリトリ線

数学1年 学校図書版

QRコードのページに登録すると，「ぴたリンク」からも表をダウンロードできるよ